思想者指南系列丛书（
THINKER'S GUIDE

像苏格拉底一样提问

THE ART OF
SOCRATIC QUESTIONING

（美）Richard Paul （美）Linda Elder / 著

张广龙 / 译   王晓红 / 审校

外语教学与研究出版社
FOREIGN LANGUAGE TEACHING AND RESEARCH PRESS
北京 BEIJING

京权图字：01-2019-3653

Original copyright © Foundation for Critical Thinking, 2006
Chinese translation copyright © Foreign Language Teaching and Research
Publishing Co., Ltd, 2019

图书在版编目 (CIP) 数据

　　像苏格拉底一样提问／（美）理查德·保罗（Richard Paul），
（美）琳达·埃尔德（Linda Elder）著；张广龙译. —— 北京：
外语教学与研究出版社，2019.12（2024.5 重印）
　　（思想者指南系列丛书）
　　ISBN 978-7-5213-1482-3

　　I. ①像… Ⅱ. ①理… ②琳… ③张… Ⅲ. ①思维方法－研究
Ⅳ. ①B804

　　中国版本图书馆 CIP 数据核字 (2020) 第 028820 号

出 版 人　王　芳
项目负责　刘小萌
责任编辑　卫　昱
责任校对　张　阳
封面设计　孙莉明　彩奇风
版式设计　涂　俐
出版发行　外语教学与研究出版社
社　　址　北京市西三环北路 19 号（100089）
网　　址　https://www.fltrp.com
印　　刷　河北虎彩印刷有限公司
开　　本　850×1168　1/32
印　　张　4
版　　次　2020 年 12 月第 1 版 2024 年 5 月第 9 次印刷
书　　号　ISBN 978-7-5213-1482-3
定　　价　19.90 元

如有图书采购需求，图书内容或印刷装订等问题，侵权、盗版书籍等线索，请拨打以下电话或
关注官方服务号：
客服电话：400 898 7008
官方服务号：微信搜索并关注公众号"外研社官方服务号"
外研社购书网址：https://fltrp.tmall.com

物料号：314820001

序言

　　思辨能力，或称批判性思维，由两个维度组成：在情感态度维度包括勤学好问、相信理性、尊重事实、谨慎判断、公正评价、敏于探究、持之以恒地追求真理等一系列思维品质或心理倾向；在认知维度包括对证据、概念、方法、标准、背景等要素进行阐述、分析、评价、推理与解释等一系列技能。

　　思辨能力的重要性是不言而喻的。两千多年前的中国古代典籍《礼记·中庸》曰："博学之，审问之，慎思之，明辨之，笃行之。"古希腊哲人苏格拉底说："未经审视的人生不值得一过。"可以说，文明的诞生正是人类自觉运用思辨能力，不断适应并改造自然环境的结果。游牧时代、农业时代以及现代早期，人类思辨能力虽然并不完善，也远未普及，但通过科学技术以及人文知识的不断积累创新，已经显示出不可抑制的巨大能量，推动了人类文明阔步前进。那么，进入信息时代、知识经济时代和全球化时代，思辨能力对于人类文明整体可持续发展以及对于每一个个体的生存和发展，其重要性更将史无前例地彰显。

　　我们已进入一个加速变化、普遍联系和日益复杂的时代。随着交通技术和信息技术日新月异的发展，不同国家和文化空前紧密地联系在一起。这在促进合作的同时，也导致了更多的冲突；人类所掌握的技术力量与日俱增，在不断提高物质生活质量的同时，也极大地破坏了我们赖以生存的自然环境；工业化、城市化和信息化程度的不断提高，全方位扩大了人的自由空间，同时却削弱了维系社会秩序和稳定的价值体系与行为准则。这一切变化对人类的思辨能力和应变能力都提出了前所未有的要求。正如本套丛书作者之一理查德·保罗（Richard Paul）在其所创办的批判性思维中心（Center for Critical Thinking）的"使命"中所指出的，"我们身处其中的这个世界要求我们不断重新学习，习惯性重新思考我们的决定，周期性重新评价我们的工作和生活方式。简言之，我们面临一个全新的世界，在这个新世界，大脑掌控自己并经常进行自我分析的能力将日益决定我们工作的质量、生活的质量乃至我们的生存本身。"

遗憾的是，面临时代巨变对人类思辨能力提出的新挑战，我们的教育和社会都尚未作好充分准备。从小学到大学，在很大程度上我们的教育依然围绕知识的搬运而展开，学校周而复始的考试不断强化学生对标准答案的追求而不是对问题复杂性和探索过程的关注，全社会也尚未形成鼓励独立思辨与开拓创新的氛围。

我们知道，人类大脑并不具备天然遗传的思辨能力。事实上，在自然状态下，人们往往倾向于以自我为中心或随波逐流，容易被偏见左右，固守成见，急于判断，为利益或情感所左右。因此，思辨能力需要通过后天的学习和训练得以提高，思辨能力培养也因此应该成为教育的不懈使命。

哈佛大学以培养学生"乐于发现和思辨"为根本追求；剑桥大学也把"鼓励怀疑精神"奉为宗旨。美国学者彼得·法乔恩（Peter Facione）一言以蔽之："教育，不折不扣，就是学会思考。"

和任何其他技能的学习一样，学会思考也是有规律可循的。

首先，学习者应该了解思辨的基本特点和理论框架。根据理查德·保罗和琳达·埃尔德（Linda Elder）的研究，所有的推理都有一个目的，都试图澄清或解决问题，都基于假设，都从某一视角展开，都基于数据、信息和证据，都通过概念和观念进行表达，都通过推理或阐释得出结论并对数据赋予意义，都会产生影响或后果。分析一个推理或论述的质量或有效性，意味着按照思辨的标准进行检验，这个标准包括清晰性、准确性、精确性、相关性、深刻性、宽广性、逻辑性、公正性、重要性、完整性等维度。一个拥有思辨能力的人具备八大品质，包括诚实、谦虚、相信理性、坚忍不拔、公正、勇气、同理心、独立思考。

其次，学习者应该掌握具体的思辨方法。如：如何阐释和理解文本信息与观点？如何解析文本结构？如何评价论述的有效性？如何把已有理论和方法运用于新的场景？如何收集和鉴别信息和证据？如何论证说理？如何识别逻辑谬误？如何提问？如何对自己的思维进行反思和矫正？等等，等等。

最后，思辨能力的提高必须经过系统的训练。思辨能力的发展是一个从低级思维向高级思维发展的过程，必须运用思辨的标准一以贯之地训练思辨的各要素，在各门课程的学习中练习思辨，在实际工作中使用思辨，在日常生活中体验思辨，最终使良好的思维习惯成为第二本能。

"思想者指南系列丛书"旨在为教师教授思辨方法、学生学习思辨技能和社会大众提高思辨能力提供最为简明和最为实用的操作指南。该套丛书直接从西方最具影响力的思辨能力研究和培训机构——批判性思维基金会（Foundation for Critical Thinking）原版引进，共21册，包括"基础篇"：《批判性思维术语手册》《批判性思维概念与方法手册》《大脑的奥秘》《批判性思维与创造性思维》《什么是批判性思维》《什么是分析性思维》；"大众篇"：《识别逻辑谬误》《思维的标准》《如何提问》《像苏格拉底一样提问》《什么是伦理推理》《什么是工科推理》《什么是科学思维》；"教学篇"：《透视教育时尚》《思辨能力评价标准》《思辨阅读与写作测评》《如何促进主动学习与合作学习》《如何提升学生的学习能力》《如何通过思辨学好一门学科》《如何进行思辨性阅读》《如何进行思辨性写作》。

由理查德·保罗和琳达·埃尔德两位思辨能力研究领域的全球顶级大师领衔研发的"思想者指南系列丛书"享誉北美乃至全球，销售数百万册，被美国中小学、高等学校乃至公司和政府部门普遍用于教学、培训和人才选拔。该套丛书具有如下特点：其一，语言简洁明快，具有一般英文水平的读者都能阅读。其二，内容生动易懂，运用大量的具体例子解释思辨的理论和方法。其三，针对性和操作性极强，教师可以从"教学篇"子系列中获取指导教学改革的思辨教学策略与方法，学生也可从"教学篇"子系列中找到提高不同学科学习能力的思辨技巧；一般社会人士可以通过"大众篇"子系列掌握思辨的通用技巧，提高在社会场景中分析问题和解决问题的能力；各类读者都可以通过"基础篇"子系列掌握思维的基本规律和思辨的基本理论。

  可见，"思想者指南系列丛书"对于各类读者提高思辨能力均大有裨益。为了让该套丛书惠及更多读者，外研社适时推出其中文版，可喜可贺。

  总之，思辨能力的高下将决定一个人学业的优劣、事业的成败乃至一个民族的兴衰。在此意义上，我向全国中小学教师、高等学校教师和学生以及社会大众郑重推荐"思想者指南系列丛书"。相信该套丛书的普及阅读和学习运用，必将有利于促进教育改革，提高人才培养质量，提升大众思辨能力，为创新型国家建设和社会文明进步作出深远的贡献。

孙有中

2019 年 6 月于北京外国语大学

目录

致读者 ……………………………………………………………… / 1

引言 ………………………………………………………………… / 2

第一部分：苏格拉底式问题的分类（基于批判性思维概念） … / 5

旨在阐释思维组成部分的问题 …………………………………… / 6

旨在评估推理质量的问题 ………………………………………… / 10

苏格拉底诘问法检查表 …………………………………………… / 13

探究思维的四个方向 ……………………………………………… / 16

三种类型的问题 …………………………………………………… / 18

提出"有定论""无定论""有争论"型问题 …………………… / 19

对问题进行提问：找出先决问题 ………………………………… / 23

提出复杂的跨学科问题 …………………………………………… / 25

为苏格拉底式对话准备的补充问题 ……………………………… / 27

第二部分：苏格拉底诘问法文字稿 …………………………… / 32

文字稿一：探索大脑及其工作原理（小学阶段） ……………… / 34

文字稿二：帮助学生将想法形诸笔端（中学阶段） …………… / 41

文字稿三：帮助学生深思基本概念（高中阶段） ……………… / 45

文字稿四：帮助学生深思复杂的社会问题（高中阶段） ……… / 50

第三部分：苏格拉底诘问法的构成 …………………………… / 56

苏格拉底式讨论的三种类型 ……………………………………… / 56

公开质疑真相和意义 ……………………………………………… / 65

学生观念的来源 …………………………………………………… / 67

苏格拉底诘问法指南 ……………………………………………… / 69

第四部分：问题在教学、思维和学习中的作用 ……………… / 73

教师成为诘问者 …………………………………………………… / 74

联系生活实际，将内容看作相互关联的体系 ………………… / 75

思维由问题驱动 …………………………………………………… / 77

第五部分：苏格拉底、苏格拉底诘问法和批判性思维·············· / 79
　　苏格拉底诘问法的定义　·············· / 80
　　苏格拉底其人其事　·············· / 82
　　苏格拉底展现的认知美德　·············· / 85
　　苏格拉底诘问法的系统本质　·············· / 87
　　将辩证的过程摆在教学的核心位置　·············· / 88
　　苏格拉底的历史贡献　·············· / 89
　　批判性思维的概念　·············· / 90
　　批判性思维给苏格拉底诘问法带来了什么　·············· / 92
附录·············· / 93
　　附录一：吸纳苏格拉底式对话法的教学模式　·············· / 93
　　附录二：苏格拉底式对话文本分析（对话选自柏拉图的
　　　　　　《欧绪弗洛篇》）·············· / 97
　　附录三：苏格拉底其人其事（续）·············· / 112

致读者

亲爱的读者朋友：

　　善于思辨却不思深刻诘问者，鲜矣。苏格拉底诘问之才，能出其右者，未之有也。醉心于思辨者，必然也对诘问法感兴趣。欲习诘问法，自应从苏格拉底诘问法学起。

　　当然，要学习苏格拉底诘问法，必须要认识其组成部分，并加以运用。倘若不熟悉这些组成部分，就很难抓住诘问策略的本质，而这些诘问策略正是苏格拉底诘问法的基础。运用苏格拉底诘问法需要结合具体的语境，其精神实质比字面意义更重要。

　　以此为准则，我们在本册指南中分析了苏格拉底诘问法的组成部分，并辅以该方法在当代中小学课堂中应用的实例。

　　为帮助你运用苏格拉底诘问法，我们在第一部分介绍了批判性思维的基本概念，第二部分提供了苏格拉底式对话的范例，第三部分则分析了苏格拉底式对话的构成，第四和第五部分着重阐述了诘问在教学中的重要性、苏格拉底作出的巨大贡献、苏格拉底诘问法与批判性思维之间的联系等内容。

　　一旦你开始像苏格拉底那样提问，深思人们的信念及其成因，你将会感到控制自己思维的能力增强了，同时也能够更好地理解别人的思维。对自己要有耐心，对你的学生也要有耐心。熟练掌握苏格拉底诘问法固然费时，但绝对值得。

　　希望本册指南能帮助你和你的学生更好地掌握深层追问的艺术。

理查德·保罗　　　　　　　　　琳达·埃尔德
批判性思维中心　　　　　　　　批判性思维基金会

引　言

未经审视的人生不值得一过。

—— 苏格拉底

　　苏格拉底诘问法是一种非常严谨的提问方式，可用于多领域、多目的的思想探究：探索复杂观念、找到事实真相、提出议题和难题、找出假设、分析概念、分辨已知与未知、弄清推理可能带来的影响。要区分苏格拉底诘问法和单纯的诘问，关键是要认识到苏格拉底诘问法是系统的、严谨的、深刻的，通常侧重基本概念、原则、理论、议题和难题。

　　无论是教师还是学生，抑或是任何对深入探索思维感兴趣的人，都可以也应该构思苏格拉底式问题，参与苏格拉底式对话。我们在教学中使用苏格拉底诘问法，可以实现以下目的：了解学生的思维，判定他们在某一话题、议题或主题上的知识范围，向他们示范苏格拉底诘问法，或帮助他们分析某个概念或推理思路。总之，我们希望学生学习苏格拉底诘问法的准则，并运用该方法分析复杂问题，理解和评估他人的思维，弄清自己所想和他人所想可能带来的影响。

　　因此，在教学中应用苏格拉底诘问法至少有两个目的：

1. 深入了解学生思维，帮助学生区分已知已解和未知未解（在此过程中，帮助他们培养认知谦逊）。

2. 培养学生问出苏格拉底式问题的能力，帮助学生掌握苏格拉底式对话的强大工具，并将这些工具应用于日常生活之中（诘问自己和诘问他人）。因此，我们需要向学生示范这些诘问策略，以便他们仿效和运用。此外，我们需要直接教会学生如何构建问题，如何问出有深度的问题。接下来学生要做的就是练习，练习，不断地练习。

　　苏格拉底诘问法让我们认识到诘问在学习中非常重要（实际上，苏格拉底生前认为诘问是唯一可取的教学方式）。它让我们认识到系统的思考和碎片化的思考之间的差异。它引导我们透过思想的表层去看本质。它还让我们认识到，在引导学生进行深度学习的过程中，培养他们的好问精神意义非凡。

要想思想卓越超群，学会诘问法非常重要，因此苏格拉底诘问的艺术和批判性思维紧密相关。该方法以"苏格拉底"为名，更彰显了其系统性、深刻性，让人永怀明辨真理谬误之志。

批判性思维和苏格拉底诘问法二者目的相同。批判性思维提供了多种概念工具，帮助我们理解思维如何运作（如何追寻意义、探求真理）；苏格拉底诘问法则运用这些工具构建问题，这些问题对于追寻意义和探求真理至关重要。

批判性思维的目标是在我们的思维之上构建一种高阶思维，使其成为强大的内在理性之声，监督、评价、重构我们的思考、情感和行动，使之更加理性。苏格拉底式讨论则特点鲜明地侧重自主的、严谨的诘问方式，以培养这种内在理性之声。

在本册指南中，我们关注的重点包括苏格拉底式对话的构成，批判性思维带给苏格拉底式对话的概念工具，以及诘问在培养严谨思维过程中的重要性。本册指南基于批判性思维视角，所提供的对于苏格拉底诘问法的理解既明确深刻，又能抓住本质。

为帮助你运用苏格拉底诘问法，我们在第一部分介绍了批判性思维的基本概念，第二部分提供了苏格拉底式对话的范例，第三部分则分析了苏格拉底式对话的构成，第四和第五部分着重阐述了诘问在教学中的重要性、苏格拉底作出的巨大贡献、苏格拉底诘问法与批判性思维之间的联系等内容。

苏格拉底诘问法

- 提出基本问题
- 透过事物表面看本质
- 发现思考中不完备的地方
- 帮助学生发现自己的思维结构
- 让学生对清晰性、准确性、相关性和深刻性更敏感
- 帮助学生通过自己的推理作出判断
- 帮助学生分析思维——思维的目的、假设、问题、视角、信息、推论、概念和影响

第一部分：苏格拉底式问题的分类
（基于批判性思维概念）

要想以严谨且富有成效的方式提出探究思维的问题，我们首先需要理解思维——思维如何运作，如何评价思维。批判性思维为这一过程提供工具，以分析、评价推理。因而理解批判性思维对卓有成效的苏格拉底式对话极其重要。

身为教师，我们自然需要理解批判性思维赋予苏格拉底诘问法的概念工具，也要帮助学生理解这些工具。本部分我们将简要介绍以下批判性思维的基本概念：

1. 分析推理（关注思维的组成部分）
2. 评估推理（关注思维的标准）
3. 按体系分析问题（区分哪类问题与偏好有关，哪类问题与事实有关，哪类问题与判断有关）
4. 提出先决问题（此处重点关注的问题需要我们首先回答，否则我们无法着手回答更复杂的问题）
5. 识别复杂问题涉及的领域（此处重点关注的问题需要我们在多个学科领域内考虑，以彻底解决某个复杂的难题）

只要我们积极地将这些批判性思维概念用于构思并提出问题，我们对思维的理解便会更透彻，我们的思维品质也会更上一层楼。

旨在阐释思维组成部分的问题[1]

在苏格拉底式对话中需要运用分析性问题，这是理解并探究推理的基础。所谓分析，就是要化整为零，因为整体问题的形成通常取决于某个或某几个组成部分中的问题。要想思维获得成功，就需要我们具备识别思维组成部分的能力。要想识别思维的组成部分，就需要针对这些组成部分进行提问。

凝练问题的有效方法之一就是专注于推理的组成部分，或思维的组成部分（如下文所示）。

构思问题时，请参考如下指南和问题范例：

1. 探究目标和目的。所有推理无不反映目标和目的。不了解某人（包括自己）推理背后的动机，就不可能透彻理解这一推理。很多问题侧重于探究思维的"目的"要素，这些问题包括：
    *   你现在的目的是什么？
    *   你发表这番评论时的目的是什么？
    *   你为什么要写这个？读者是谁？你想让他们接受什么观点？
    *   这份作业的目的是什么？
    *   我们当前想要达成什么目标？
    *   按照这种思路，我们的中心目的和任务是什么？
    *   这个章节、这层关系、这项政策或这部法律的目的是什么？
    *   我们的中心目标是什么？还有什么别的目标需要我们考虑吗？

1　欲深入了解思维结构，请参阅本系列丛书之《什么是分析性思维》分册，另请参阅《思考的力量：批判性思考成就卓越人生》，理查德·保罗、琳达·埃尔德著，丁薇译（上海：上海人民出版社，2006 年）。

2. **探究问题**。推理无不因问题而生。明白了是什么问题引发了某一推理，才称得上是理解了这一推理。侧重于探究思维的"问题"要素的问题包括：

- 我还是没有搞懂你提出的到底是什么问题，能不能解释一下？
- 在这种或那种情况下，引导你行为的主要问题是哪些？
- 这是目前最应该关注的问题吗？有没有其他更紧迫的问题需要我们解决？
- 我正在考虑的问题是……，你同意我的看法吗？你有没有想到另一个相关的问题？
- 这个问题（难题/议题），我们能不能这样表述：……，或者……？
- 在保守派看来，这个问题是……；而在自由派看来，这个问题是……。在你看来，哪种表述才是真知灼见？

- 我们有没有遗漏某些应当问的问题？

3. 探究信息、数据和经验。所以推理必以信息为根基。了解了支撑或影响某一推理的背景信息（事实、数据、经验），才能真正了解这一推理。侧重于探究思维的"信息"要素的问题包括：

   - 你是根据哪些信息得出的这番见解？
   - 哪些经验让你信服了这一观点？你会不会歪曲了事实？
   - 我们如何判断这一信息是准确的？怎么证实？
   - 有没有遗漏掉哪些应该考虑到的信息或数据？
   - 这些数据是根据什么得出的？怎么生成的？我们的结论是根据确凿的事实得出的，还是根据推测性数据得出的？

4. 探究推论和结论。所有推理都会作出推论、得出结论、创造意义。明白了是哪些推论影响着某一推理，才称得上对这一推理有所了解。侧重于探究思维的"推论"要素的问题包括：

   - 你是怎么得出这个结论的？
   - 能不能解释一下你是怎么推理的？
   - 有没有另一个可信的结论？
   - 考虑到所有事实，可得出的最佳结论是什么？

5. 探究概念和观点。所有推理都要运用概念。明白了是哪些概念限定、形成了某一推理，才能真正了解这一推理。侧重于探究思维的"概念"要素的问题包括：

   - 你在推理中运用的主要概念是什么？能不能解释一下？
   - 我们使用的概念合适吗？需不需要使用别的概念来思考这个难题？
   - 需不需要更多的事实？要不要重新考虑这些事实的分类方式？
   - 我们的问题属于法律问题、神学问题，还是伦理问题？

6. 探究假设。所有推理都依赖于假设。明白了是哪些理所当然之识形成了某一推理，才称得上对这一推理了然于心。侧重于探究思维的"假设"要素的问题包括：

   - 有哪些观点你想都没想就认为必然是正确的？

- 你为什么如此断定？为什么我们不可以断定……？
- 我们的观点隐含了哪些假设？有可能作出别的假设吗？

7. **探究影响与结果**。所有推理都会有个方向。有始（以假设为基础），
   也有终（产生影响和结果）。明白了某一推理产生的最重要的影响
   和结果，才称得上真正理解了这一推理。侧重于探究思维的"影响"
   要素的问题包括：

   - 你说……，这意味着什么？
   - 如果我们这么做，会产生什么结果？
   - 你是在暗指……吗？
   - 你考虑过这项政策（或这种做法）的影响吗？

8. **探究视角和角度**。所有推理都是依据某一视角或参照标准作出的。
   明白了是哪种视角或参照标准将某一推理定位在认知图谱上，才称
   得上对这一推理了然于心。侧重于探究思维的"视角"要素的问题
   包括：

   - 你是从哪个视角看问题的？
   - 要不要考虑从另一个视角看问题？
   - 考虑到这种情况，这些视角中哪一个最合理？

旨在评估推理质量的问题

受过教育的理性思考者依据普遍认知标准来评估推理质量，然而大多数人并不了解这些标准。这些标准包括（但不限于）清晰性、精确性、准确性、相关性、深刻性、宽广性、逻辑性及公正性。

敏于思者每天都会明确使用这些认知标准。倘若别人没有遵循这些标准，他们会有所察觉。倘若自己没有遵循这些标准，他们也会有所察觉。他们通常会针对认知标准进行提问。

以下是思维评判指南，辅以敏于思者常问的一些问题，这些问题可以用于苏格拉底式对话中。

1. 探究清晰性。要认识到思维总是有的清晰有的混乱。对于某一推理，只有做到能详细说明、给出图示、举出例证，才称得上对其理解透彻。侧重于探究思维的清晰性的问题包括：
   - 你能详细阐释你的观点吗？
   - 能不能举例说明你的观点？
   - 你的意思是说……，我理解得对不对？我是否有误解？

2. 探究精确性。要认识到思维总是有的精确有的模糊。对于某一推理，只有做到能确切说明细节，才称得上对其理解透彻。侧重于探究思维的精确性的问题包括：
   - 能提供更多细节吗？
   - 能描述得更具体一些吗？
   - 能更为详细地阐述你的说法吗？

3. 探究准确性。要认识到思维总是有的准确有的有出入。面对某一推理，只有反复检验，判断它是否反映了事情的本来面目，才称得上对其进行了全面评价。侧重于探究思维的准确性的问题包括：
   - 我们如何检验这是否属实？
   - 如何验证这些所谓的事实？
   - 这些数据的来源有问题，我们能相信这些数据是准确的吗？

4. **探究相关性**。要认识到思维总是一不小心就会偏离所要考虑的主要任务、问题、难题或议题。只有确保解决问题时考虑的所有因素和问题确实相关，才称得上对思维进行了全面评估。侧重于探究思维的相关性的问题包括：

   - 我觉得你的观点和问题无关，能不能说说你的观点和问题有什么关联？

   - 能不能解释一下你提出的问题和我们手头正在处理的问题有什么关系？

5. **探究深刻性**。要认识到思维既有可能只触及表面，也有可能透过表面探索更深层的问题和议题。只有确定了手头任务需要的深刻性（并将其与实际达到的深刻性相比较），才称得上对某一推理思路进行了全面评估。若要断定某个问题是否深刻，我们需要确定该问题是否涉及了必须要考虑的复杂因素。侧重于探究思维的深刻性的问题包括：

   - 这个问题简单还是复杂？容易回答还是很难回答？

   - 这个问题复杂在哪儿？

   - 该如何应对这个问题内在的复杂性？

6. **探究宽广性**。要认识到思维有的开阔有的狭隘。要想思维开阔，思考者要从多种视角或参照标准出发进行深刻思考。只有确定了思维需要达到的宽广程度（以及已经达到的宽广程度），才称得上对某一推理思路进行了全面评估。侧重于探究思维的宽广性的问题包括：

   - 哪些视角与这个议题相关？

   - 到目前为止，还有哪些视角我没有注意到？

   - 是不是因为我不愿改变自己的看法，才导致我没能从相反的角度来看待这个议题？

   - 我是真心实意地考虑了对立的观点，还是只是在挑对方的错？

   - 我从经济学角度分析了这个问题。我在这个问题上的伦理责任是什么呢？

   - 我考虑了自由派在这个问题上的立场，那么保守派的立场是什么呢？

有助于我们评估推理的问题

| 清晰性 | 你能进一步阐释吗？
你能举出实例吗？
你能用例子阐述你的意思吗？ |

清晰性

你能进一步阐释吗？
你能举出实例吗？
你能用例子阐述你的意思吗？

准确性

如何进行核查？
如何证明其真实性？
如何进行核实或验证？

精确性

能再具体一些吗？
能提供更多细节吗？
能再确切一些吗？

相关性

与问题有何关联？
对问题有何影响？
对解决问题有何帮助？

深刻性

问题的难点来自哪些方面？
问题的复杂性有哪些表现？
要克服的难点包括哪些？

宽广性

是否需要从另一个侧面观察问题？
是否需要换一个角度观察问题？
是否需要换一种方式考虑问题？

逻辑性

整个推理够清楚吗？
首尾段落是否相呼应？
结论是否从证据自然得出？

重要性

这是要考虑的最重要的问题吗？
这是否是核心观点？
哪些事实最重要？

公正性

这个问题是否涉及我的既得利益？
我能否设身处地理解并代表他人的观点？

苏格拉底诘问法检查表

下面的清单可用来培养学生严谨诘问的能力。学生可以轮流在小组内引导苏格拉底式讨论。在此过程中，可以要求一些学生观察引导讨论的同学，然后参照下面的指南提供反馈（在讨论过程中，此指南所有学生应人手一份）。

参与者给出每个问题的回答后，诘问者是否又针对该回答进行了追问？ _____

让参与者专注于思维的要素

1. 诘问者明确指出了讨论的目标吗？ _____
   （这次讨论的目的是什么？我们想要达成什么目标？）

2. 诘问者努力发掘相关信息了吗？ _____
   （你的说法是基于什么信息得出的？哪些经验让你相信这种说法？）

3. 在必要之时或关键之处，诘问者就推论、阐释及结论提问了吗？ _____
   （你是怎么得出这个结论的？能解释一下你的推理吗？还有其他可能的解释吗？）

4. 诘问者关注核心观点或概念了吗？ _____
   （你提出的主要观点是什么？你能解释一下这个观点吗？）

5. 诘问者注意到假设存在问题了吗？ _____
   （你认为什么是理所当然的？你为什么这么假设？）

6. 诘问者探究影响和结果了吗？ _____
   （你说……，是要表明什么？你是想表明……吗？如果人们接受了你的结论，然后照着去做，会产生什么影响？）

7. 诘问者提醒参与者留意隐含于各种答案之中的视角了吗？ _____
（你是从哪个视角来看待这个问题的？有没有别的视角需要考虑？）

8. 诘问者始终关注中心问题了吗？ _____
（我拿不准你提的问题到底是什么，能解释一下吗？别忘了我们讨论的问题是……）

9. 必要时，诘问者要求说明形势背景了吗？ _____
（请详述导致这一问题出现的形势背景。当时的形势如何？）

让参与者专注于思维的体系

1. 诘问者区分了主观性问题和事实性问题，以及那些需要在相互冲突的视角中作出合理判断的问题了吗？ _____
（这个问题是个见仁见智的问题吗？如果是这样的话，让我们以个人喜好来作出选择。这个问题只有一个正确答案吗？还是这个问题在不同视角下有不同的答案？若是后者，综合考虑之后，问题的最佳答案是什么？）

2. 诘问者提醒参与者换个方式来思考问题了吗？ _____
（你能不能换个方式来思考这个问题？）

让参与者专注于思维的标准

1. 必要时，诘问者要求参与者对观点进行澄清了吗？ _____
（你能不能把你的观点说得再详细点？你能不能给个例子或图示来说明你的观点？我是这样理解你的观点的，我的理解对不对？）

2. 必要时，诘问者要求参与者提供更多细节或者说得更加精确了吗？ _____
（你能提供更多细节吗？能不能更为详细地说明你的看法？）

3. 诘问者提醒参与者要留心核实相关事实并验证信息是否准确了吗?

_____

（我们该如何检验这是否属实？我们该如何验证这些所谓的事实？）

4. 诘问者是否提醒参与者不要偏离正在讨论的问题，务必让自己的"答案"始终和正在讨论的问题相关？　_____

（我觉得你所说的和问题无关，你能不能解释一下二者有什么关联？）

5. 诘问者是否提醒参与者留心正在讨论的问题的复杂性？诘问者是否要求参与者深思具有深刻性的问题？　_____

（这个问题复杂在哪儿？你的回答考虑了问题的复杂性吗？）

6. 如果问题涉及面广，诘问者是否提醒参与者考虑不同的视角？

_____

（我们已经从经济的角度分析了这个问题，现在让我们从伦理的角度来进行分析。我们已经考虑了自由派在这个问题上的立场，那么保守派的观点又是什么呢？我们已了解了你对这种情况的看法，但你的父母怎么看？）

让参与者积极参与讨论

1. 诘问者是否紧跟参与者的思考，并把自己的看法说出来？　_____

（我明白你的意思是说……，我认为这个问题很复杂，我不太确定该如何回答。总结一下到目前为止讨论取得的进展，我认为……）

2. 诘问者是否给参与者留出了充足的时间来组织答案？　_____

3. 诘问者是否做到了充分考虑每个人的看法？　_____

4. 诘问者是否每隔一段时间就总结一下，从而有条不紊地推进讨论？哪些问题已经得到回答？还有哪些问题尚未得到回答？　_____

5. 讨论是否集思广益，进展顺利？　_____

探究思维的四个方向

我们还可以通过另一种方式对这些问题进行分类，并在脑海里把它们梳理一遍。向学生提这些问题可以激发他们思考。这种方法以探究思维的四个方向为重点，以推理的要素为先决条件。仔细分析下面的图示，你会发现，除了正在讨论的问题和思维的概念层面问题以外，所有的推理要素也都是图示重点强调的对象（见下图）。

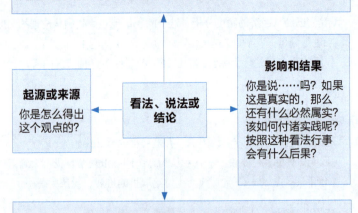

对立的观点和反对意见

有人说……，你将如何回应？这些人会怎么说？别人怎么看待这个问题？为什么？你为什么觉得自己的观点更好？

起源或来源

你是怎么得出这个观点的？

看法、说法或结论

影响和结果

你是说……吗？如果这是真实的，那么还有什么必然属实？该如何付诸实践呢？按照这种看法行事会有什么后果？

论据、原因、证据、假设

何以见得？你是假设……吗？这个假设可信吗？你有什么证据？为什么说这和论题相关？如何证明你的证据属实？这个问题你怎么想，怎么看？为什么？

该图示（以及其中暗含的类别）强调以下有关思维的重要事实：

- 所有思维过程的来龙去脉都可在个人的生活中找到。
- 所有思维过程都离不开由原因、证据和假设组成的支撑结构。
- 所有思维过程都必然把我们引向某个方向（产生影响和结果）。
- 所有思维过程都和别的思考方式有关联（考虑问题的方式永远不止一种）。

这个分类图强调，我们可以使用四种方式来帮助学生了解自己的思维过程：

- 我们可以帮助学生反思他们是如何形成关于某一话题的观点的。（如此一来，我们就可以帮助他们审视关于这个话题的观点形成过程，从而找到思维过程的起源。）
- 我们可以帮助学生反思他们如何论证（或要如何论证）自己的观点。（如此一来，我们就可以帮助他们说出观点背后的原因、证据和假设。）
- 我们可以帮助学生反思他们的观点会"导致"什么，会产生哪些影响和结果。（如此一来，我们就可以帮助他们认识到，所有的思维过程都会产生不得不考虑的影响或结果。）
- 我们可以帮助学生认识到，我们应该听取异见者提出的合理的反对意见和不同的思考方式。（如此一来，我们就可以让他们的思维更开阔、更全面、更公正。）

三种类型的问题

要解决问题，首先就要弄清是什么类型的问题。是有一个明确答案的问题，还是有关个人好恶的问题，抑或是存在对立答案的问题？

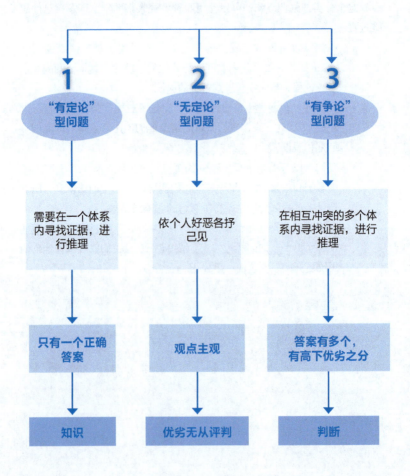

提出"有定论""无定论""有争论"型问题

为方便分析，可依多种方式对问题进行分类。依问题所需的推理类型进行分类便是其中一种。于"有定论"型问题而言，寻找答案的程序或方法有章可循。对于"无定论"型问题，依个人偏好作答即可，并无"正确"答案。而对于"有争论"型问题，观点林立，人们从自己的视角出发或基于自己的视角有理有据地论证答案。答案虽有优劣之别，但即便是专家在这些问题上也意见不一，因此并无可证实的"正确"答案（因此才存在"争论"）。

想要确定自己要回答的是哪种类型的问题，无论在何种情况下，我们都可以按照下面的步骤问问自己：回答问题时有相关的事实需要考虑吗？如果有，那么一种情况是这些事实本身就足以回答问题（这说明我们要解决的是个有程序可循的问题），另一种情况是这些事实有不同的解读方式（这说明问题有争议）。如果没有事实需要考虑，那么这就是个有关个人偏好的问题了。请记住，如果某个问题与个人偏好无关，那么它必然与某些事实相关。如果事实本身足以解决问题，那么问题属于"有定论"型的、有程序可循的问题。

我们希望学生能逐渐熟悉这种问题类型划分方式，加深对它的理解，从而可以自然而然地将其应用于思考过程之中。我们希望学生能够提出合乎逻辑判断的问题，且在回答这些问题时能够做到合乎理性。我们希望学生能认识到问题的复杂性，并学会如何透彻分析这些复杂因素。

程序问题（"有定论"型问题）

对于此类问题，寻找答案的程序或方法有章可循。这些问题可用事实或定义（或事实加定义）来回答，多见于数学、物理学和生物学等学科。示例如下：

- 铅的沸点是多少？

- 这个房间有多大？
- 这个方程的微分形式是什么？
- 电脑的硬盘是如何运行的？
- 659 加 979 等于多少？
- 怎么能做出地道的波兰土豆汤？

偏好问题（"无定论"型问题）

此类问题的答案依个人偏好而定（取决于个人的主观感受）。示例如下：

- 你是喜欢在山里度假，还是喜欢在海边度假？
- 你喜欢留什么样的发型？
- 你喜欢看歌剧吗？
- 你想给你家的房子选择什么样的配色方案？

判断问题（"有争议"型问题）

此类问题需要推理，但存在多个可商榷的答案。此类问题存在争议，答案有优劣之别（有的论证充分，经得起推敲；有的难以成立，经不起推敲）。因此，我们需要在多种可能性中寻找最佳答案。我们使用宽广性、深刻性、逻辑性等普遍认知标准来评估此类问题的答案。此类问题多见于人文学科（历史学、哲学、经济学、社会学、艺术等）。示例如下：

- 我们如何才能以最佳方式解决本国面临的最根本的、最重要的经济问题？
- 如何才能大幅减少瘾君子的人数？
- 如何平衡商业利益和环境保护？
- 人工流产是否正当？
- 税制该如何累进？
- 应该废除死刑吗？
- 哪种经济制度最适合这个国家？

很多文章口口声声说要培养学生的批判性思维，却将所有陈述分成事实和观点两大类，这种做法会导致学生认识不到对话式思维和推理判断的重要性。如果问题本来就是有关事实的（例如，"这块积木有多重？"或者"这个图形的面积是多少？"），答案自不必争论。虽然步骤有时难免繁杂，但只需按步作答即可。正如上述两题，只需称重、测量，答案自然清楚，通常不存在争议。

另一方面，有些问题只关乎个人的主观意见。例如，"你更喜欢哪件毛衣？""你最喜欢的颜色是什么？"或者"你喜欢在什么地方度假？"之类的问题。我们只需要说出个人偏好即可，并没有正确答案。

然而，我们在生活中遇到的多数重要问题却不只是单纯的事实或偏好问题，需要以另一种方式作答：考虑别人的合理见解，经过一番推理，最后得出结论。作为教师，我们应明确鼓励学生区分这三种不同的情形：一种只需要用到事实，一种只需要说出个人偏好，还有一种需要推理判断。要是有一天我们成了陪审团的一员，需要判定被告有罪还是无罪，我们所要解决的不可能仅仅是事实问题，也绝不应该夹杂个人的主观好恶。

当然，学生确实需要学习获取事实的步骤，也确实需要有表达个人偏好的机会，但他们最重要的需求是培养推理判断的能力。他们需要学习如何基于自己的视角——同时考虑其他相关视角——以证据和推理为基础，得出自己的结论。当然，他们的视角和推理不可避免地会受到其价值观和个人好恶的影响，但他们绝不可仅凭主观论断或个人好恶来看待问题。我们不应仅仅凭主观意愿而选择相信某人或某事，而应该有充分的理由支撑。当然，只涉及个人好恶的情况除外。比如，喜欢黄油硬糖而不喜欢巧克力布丁，自是无碍；但喜欢利用他人而不尊重他人的权利，就讲不通了。

通过苏格拉底式对话，我们可以帮助学生区分有关事实的问题、有关偏好的问题和有关判断的问题。为帮助学生做到这一点，我们需要考虑以下几类问题，这些问题可在对话中提出：

- 我们现在要解决的是什么类型的问题？

- 这个问题是只有一个正确答案的问题吗？
- 这是要求我们表达个人偏好的问题吗？换言之，只要说出我们的喜好或愿望是否就足以回答问题？
- 另一方面，这个问题需要我们进行一番推理判断才能得出结论吗？换言之，回答此问题的合理方式是否不止一种？若是如此，在回答此问题前，需要考虑哪些视角？证据面前，哪些视角更具合理性？

对问题进行提问：找出先决问题

　　无论面对的问题有多复杂，有一种有效的方法总是可以帮助我们锻炼思维，那就是：找出手头问题的先决问题。换言之，我们所要回答的问题通常是以其他问题为前提的，而这些问题已经被回答过，因此搞清这些先决问题是什么，或者，在回答眼前的问题之前，首先要回答哪些其他问题，这样做很有用。面对复杂的问题时更要如此。换句话说，要解决复杂的问题，首先要找出并回答嵌套在此问题中的简单问题。只有先回答了这些简单的问题，我们才能回答更大、更复杂的问题。

　　因此，要回答"什么是多元文化主义？"这个问题，我们首先要回答"什么是文化？"；而要回答这个问题，有必要先回答"哪些个人因素（如国籍、宗教、意识形态、籍贯等）决定了他/她的文化归属？"

　　为了找到一系列的先决问题，首先要写下你关注的主要问题，然后尽可能多地写下你认为必须或最好先行回答的问题。接下来审视一下这份清单，确定在回答清单上的问题之前，必须（或最好）回答哪些问题。清单上的每组新问题都依此类推。

　　动手构建问题清单时，重点关注清单上的第一个和最后一个问题。最终得到的这组问题应该可以帮助我们弄清第一个问题的逻辑。

　　下面的例子可以说明如何才能构建合乎逻辑的先决问题——要回答"什么是历史？"这个大问题，先来分析下面的这组问题：

- 历史学家撰写的是什么内容？
- 什么是"过去"？
- 一本史书能将整个过去囊括其中吗？
- 就某个特定的历史时期而言，有多少历史事件被史书忽略了呢？
- 史书对于历史事件是"舍"的多，"取"的少吗？
- 历史学家如何知道该突出哪些史料？
- 历史学家选择史料时有取有舍，这是基于对史料的价值判断吗？

- 哪些因素会影响历史学家的视角？
- 史书是否只是简单罗列事实？还是既有个人解读又有事实记载？
- 能不从史学角度决定史实的取舍吗？
- 我们如何评价史学解读？
- 我们如何评价史学观点？

提出复杂的跨学科问题

　　有的问题涉及多个思想领域，比较复杂，回答这样的问题就要弄清涉及的每个领域。比如，该问题涉及经济层面吗？该问题涉及生物、社会、文化、政治、伦理、心理、宗教、历史或其他方面吗？针对该问题涉及的每个层面进行提问，从而避免漏掉某些复杂因素，并迫使自己将这些因素考虑在内。

　　关注问题涉及的多个领域时，思考下列问题：

- 这个问题很复杂，涉及哪些思想领域？
- 我考虑了所有相关领域吗？
- 我漏掉了某些重要领域吗？

　　下页的图示展示了复杂问题可能涵盖的一些领域。

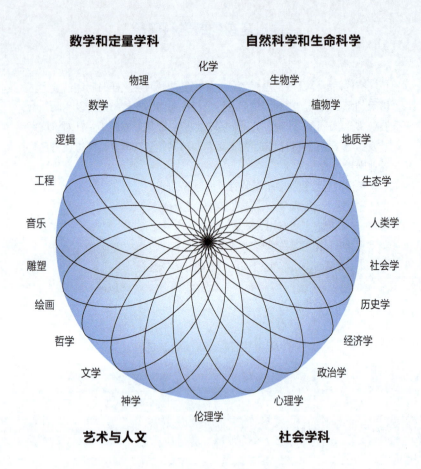

数学和定量学科　　　　**自然科学和生命科学**

化学
物理　　　　　　　　　生物学
数学　　　　　　　　　　植物学
逻辑　　　　　　　　　　　地质学
工程　　　　　　　　　　　生态学
音乐　　　　　　　　　　　人类学
雕塑　　　　　　　　　　社会学
绘画　　　　　　　　　历史学
哲学　　　　　　　　经济学
文学　　　　　　政治学
神学　　　心理学
伦理学

艺术与人文　　　　　　**社会学科**

问题涉及的领域（按学科划分）

本图示根据约翰·特拉帕索创作的图示改编而成。

为苏格拉底式对话准备的补充问题

探究清晰性的问题

- 你说的_____是什么意思？
- 你的要点是什么？
- _____和_____之间有什么联系？
- 关于这一点，你能换种说法吗？
- 你觉得此处的主要问题是什么？
- 你的基本要点是_____，还是_____？
- 能举个例子吗？
- 可以把_____当成一个例子吗？
- 关于这一点，能不能进一步解释一下？
- 关于这一点，能不能再多说一些？
- 你为什么这么说？
- 你看我是否听懂了你的意思。你的意思是_____，还是_____？
- 这和我们讨论的问题／议题有什么联系？
- 你现在觉得约翰这么说是什么意思？你当时觉得约翰的意思是什么？
- 简，你能用自己的话总结一下理查德所说的吗？理查德，这是你的本意吗？

探究目的的问题

- _____的目的是什么？
- 你当时说_____，有什么目的？
- 这两个人的目的有何不同？
- 这两个群体的目的有何不同？
- 这个故事中主人公的目的是什么？

（待续）

（续表）

- 随着故事的发展，这个角色的目的有了什么样的变化？
- 这个目的合理吗？
- 目前解决这个问题的目的是什么？

探究假设的问题

- 你目前的假设是什么？
- 卡伦目前的假设是什么？
- 我们能有别的假设吗？
- 你似乎在假设_____，我理解得对不对？
- 你所有的推理都是依据_____作出的，为什么你依据_____而不是依据_____来推理？
- 你似乎假定_____，你为什么认为这是不言自明的？
- 事实总是如此吗？你为什么认为你的假设在此处能成立？

探究信息、原因、证据和理由的问题

- 能举个例子吗？
- 你怎么知道的？
- 你这么说的理由是什么？
- 你当时为什么那么说？
- 我们还需要了解哪些信息才能解决这个问题？
- 你为什么觉得这是对的？
- 你能给我们解释一下原因吗？
- 你当时为什么持那种看法？
- 这个证据足以支撑你的观点吗？
- 有什么证据能证实你的说法吗？
- 这些理由充分吗？
- 这一信息如何应用于这一情况？
- 有理由怀疑这一证据吗？

（待续）

（续表）

- 这会造成什么影响？
- 谁能判断这是否属实？
- 有没有别的证据会让你改变看法？
- 有人说_____，你怎么看？
- 引起_____的原因是什么？
- 你认为原因是什么？
- 为什么会这样？
- 你当时得出了这样的结论，是怎么推理出来的？
- 我们该如何着手验证这是否属实？
- 还有谁能给出证据来支持这样的回答吗？

探究角度和视角的问题

- 你似乎是从_____的视角来看待这个问题的，你为什么选择这个视角而非其他？
- 别的群体／类型的人会如何回应呢？为什么？他们会受到哪些因素的影响？
- 有人会提出反对意见说_____，你如何回应？
- 有人（会）从不同角度来看待这个问题吗？
- 持异议者会怎么说？
- 其他看法是什么？
- 肯的观点和罗克珊的观点有何相似之处？有何不同之处？

探究影响和结果的问题

- 你这么说是在暗指什么？
- 你说_____，你是在暗指_____吗？
- 假如那件事发生了，会引起什么后果？为什么？
- 那会产生什么样的影响？
- 那一定会发生还是可能会发生？
- 会有别的影响或结果吗？
- 如果这些属实，可推断出什么也必然属实？

（待续）

（续表）

探究问题的问题

- 如何才能验证？
- 这和_____是同一个问题吗？
- 怎么解决这个问题呢？
- 这个问题可以进一步细分吗？
- 这个问题清楚吗？我们是否理解这个问题？
- _____会如何阐述这个问题呢？
- 这个问题容易回答还是不好回答？为什么？
- 这个问题假定什么属实呢？
- _____会以不同方式来阐述这个问题吗？
- 为什么这个问题很重要？
- 这个问题需要我们评估什么吗？
- 回答这个问题需要事实吗？
- 大家都认为这就是问题所在吗？
- 要回答这个问题，我们必须首先回答哪些其他问题？
- 我觉得我不太明白你对眼下的主要问题的解释。

探究概念的问题

- 我们要分析的主要概念是什么？
- 这个概念为什么重要？有多重要？
- 这两种观点冲突吗？如果冲突，在哪些方面有冲突？
- 引导本故事中主人公思维的主要观点是什么？
- 这个观点是如何引导我们就这个问题进行推理的？这个观点给我们的推理造成困难了吗？
- 我们在思考_____时，需要考虑哪些主要的理论？
- 你用"_____"这个术语，是为了显示自己有学问吗？
- 我们在就这个问题进行推理时，应该区分哪些主要概念？
- 作者在思考时使用的观点是什么？这样做有没有问题？

（待续）

（续表）

探究推论和阐释的问题
• 就_____而言，我们可以得出什么样的结论？
• 我们是依据什么信息得出这个结论的？
• 在这种情况下，我们能得出一个更合乎逻辑的推论吗？
• 你如何解释他 / 她的行为？有没有别的解释？
• 你是如何看待_____的？
• 你当时是怎么得出这个结论的？
• 综合考虑这些事实，能得出的最合理的结论是什么？
• 我们该如何解读这些数据？

第二部分：苏格拉底诘问法文字稿

本部分我们将提供四个苏格拉底式对话的文字稿样本。每个对话都旨在帮助学生对某个概念或问题进行批判性思考。

基于第一部分所介绍的批判性思维概念和方法来阅读这些文字稿。留心提问者在这些对话的要点处采取的"认知推动策略"（多在括号中标出）。

对于每篇文字稿，我们建议你大声朗读出来，按照自己的方式读得绘声绘色。希望这样能激发你的兴趣，去了解苏格拉底诘问法的历史和理论（详见本册指南的后三个部分）。当然，请记住，学习苏格拉底诘问法背后的理论，目的在于给你启发，以掌握系统、深层的诘问之道，这才是理论学习的意义之所在。

总而言之，苏格拉底式讨论具有以下特点：

1. 由一个人引导整个讨论，此人只负责提问。
2. 系统且严谨（并不是无秩序的自由混战）。
3. 引导者通过自己提出的问题来引导讨论。
4. 旨在帮助参与者透过讨论内容的表面看问题，探究一个或多个基本观点或问题涉及的复杂因素。

只要有可能，一定要尝试引导苏格拉底式讨论。引导时应遵循以下入门规则：

1. 从本部分提供的苏格拉底式讨论中选取一个，将文字稿分发给学生，指定一些学生读"生"的部分，你来读"师"（或提问者）的部分，和学生一起绘声绘色地朗读一番。
2. 列出一份问题清单，这些问题围绕你希望学生掌握的一个中心思想展开（见文字稿四中的示例）。
3. 告诉学生你想要试行苏格拉底诘问法，希望他们能在这个过程中帮助你，毕竟你也是新手。
4. 引导苏格拉底式对话时，告诉你的学生，根据苏格拉底诘问法的规则，你只提问，不回答问题（除非是为了追问）。

5. 告诉学生他们的任务是尝试回答你提出的问题。

6. 引导讨论时，要把想法说出来。不要操之过急。根据前一位学生给出的回答来提问。

7. 学生给出的每个答案都要认真对待。一定要解释得很清楚，让班里的每个人都明白。

8. 每隔一段时间，根据学生给出的回答，总结一下全班弄懂了哪些问题，还有哪些问题没有弄懂。

如果第一次尝试不尽如人意，这也很正常。对自己和学生都要有耐心。娴熟的诘问需要耐心和练习。你和学生都要有耐心，都要多加练习。

文字稿一：探索大脑及其工作原理（小学阶段）

下面的文字稿记录的是以小学四年级学生为参与主体的一场探索性的苏格拉底式讨论。讨论的引导者和这些学生以前没有见过面。讨论的目的是看看学生对"大脑及其工作原理"这个大话题的看法。学生踊跃回答，围绕人类大脑的特征、塑造人类的力量、父母和同伴群体的影响、伦理规范以及社会中心主义偏见的本质等问题侃侃而谈，言谈间多有真知灼见。虽仅有只言片语，但引出这些灼见的问题以及道出这些灼见的回答可为以后的讨论或作业打下基础，进而加深学生对大脑及其工作原理的理解。

阅读下面的文字稿时，你可以想想还有哪些该提而未提的问题、学生该给而未给的回答或其他可能的讨论发展方向。你也可以解释一下每个问题发挥的作用，或对问题进行分类。

师：你的大脑是如何运作的？它在哪儿？
生：在脑袋瓜里。（许多学生指了指头。）
师：你的大脑能做什么呢？（探讨"大脑"这个概念）
生：它可以帮你记忆和思考。
生：它可以帮你，比如说，如果你想动动腿，它就给腿下个指令。
生：左脑控制身体右半边，右脑控制身体左半边。
生：要是你碰到一个滚烫的火炉，它会告诉你是该大叫还是说"哎哟！"
师：它会告诉你什么时候该伤心，什么时候该高兴吗？你的大脑怎么知道什么时候该高兴，什么时候该伤心？（要求澄清，探讨影响）
生：你受到伤害时，它告诉你该伤心了。
生：你正经历一些伤心事的时候。
生：打雷了，你会害怕。
生：你得到了想要的东西的时候。
生：它让你的身体运作起来。就像一台驱动你身体的机器。

师：有没有可能两个人处境相同，一个人伤心，另一个人却很高兴，纵然处境完全相同？（探讨观点或视角）

生：你们得到了同样的玩具。有人喜欢这个玩具，另一个人却不喜欢这个玩具。

师：为什么有人喜欢这个，有人却喜欢那个？（探讨观点或视角）

生：因为每个人都不一样。心思不同，成长环境不一样。

生：他们性格不同？

师：性格是怎么形成的？（探讨"性格"这个概念）

生：你开始接触一些事物，并发现自己最喜欢某些东西。

师：性格是先天就有的，还是后天形成的？（探讨原因）

生：后天形成的。

师：什么导致你形成了这种性格而不是其他性格？（探讨原因）

生：比如父母等因素。

师：父母的性格是如何影响你的呢？（探讨原因）

生：因为你长时间生活在他们身边，他们的言谈举止会影响到你。如果父母自我感觉良好，他们就希望你也按相同的方式行事，他们这样教你，你也就学会了。

生：就好比你生活于一个传统之中。他们想要你传承祖辈留下的传统。

师：那你的思考方式是否和身边其他孩子的思考方式一样？能找到一些例子来证明吗？你觉得你的行为方式和其他美国孩子一样吗？（探讨观点和"社会中心主义式思维"这个概念）

生：是的。

师：那为何你的行为方式像周围的孩子而不像因纽特孩子呢？（探讨观点或视角）

生：因为和周围的孩子生活在一起啊。

生：比如说，因纽特孩子可能连"跳绳"是什么意思都不知道，美国孩子一说就懂。

师：有没有什么是因纽特孩子知道，而你们却不知道的？（探讨观点或视角）

生：有。

生：我们的穿衣打扮、言谈举止跟他们也不一样。还有，因纽特孩子必须得知道风暴何时会来临，这样才不至于被困在荒郊野外。

师：好，如果我没有理解错的话，大家认为家长对你的行为方式有影响，周围的孩子对你的行为方式也有影响……你对自己的行为方式有影响吗？是你自行选择成为什么样的人吗？（探讨原因）

生：是的。

师：那么你是如何做到的呢？（探讨原因和缘由）

生：要是有人让你从五层楼上跳下去，你肯定不会答应，你可不想那么做。

师：你有没有这样的经历：闲来无事，突然想到这样一个问题——"我应该做个聪明人还是做个笨瓜？"（区分"聪明"和"愚笨"这两个概念）

生：有过。

师：靠什么来评判？（探讨原因）

生：成绩。

师：可是成绩是由老师来决定的，你如何能决定自己的成绩？（探讨原因）

生：不做作业，分数就低，就变成了笨瓜。但要是好好学，就能考高分。

师：所以这取决于你，对吗？（探讨原因）

生：上学期间，要是你对什么东西特感兴趣，比如计算机，你就会努力学习，长大了就能找份好工作。可要是你上学期间啥都不喜欢，你肯定就不会好好学。

生：你不能只是下决心成为一个聪明人，你得为之努力才行。

生：你得努力才能变聪明，就像你得努力干活才能拿到零花钱。

师：那做好人和当坏蛋呢？你能决定自己是好人还是坏蛋吗？谁想要当坏蛋？（三个学生举了手）（对第一个学生说）说说你为啥想当坏蛋呢？（区分"做好人"和"当坏蛋"这两个概念）

生：我不知道。有时我觉得当坏蛋也当了好长时间了，我就想去上学，让自己的名声变好点。可有时我就是想要捣乱，管他呢。

师：好，真实自我和你的名声之间有区别吗？什么是名声？这个词其实蛮大的。什么是名声？（探讨"名声"这个概念）

生：名声就是你的行为方式。名声不好，人们就不愿与你来往。名声好，人们愿意接近你，跟你做朋友。

师：我还是不清楚真实自我和人们对你的看法有什么区别。你本来是个好人，可是大家都觉得你很坏，这可能吗？会这样吗？（澄清概念，探讨影响）

生：可能，有时就是你尽力想做个好人也没用。我是说，比如有个人人品真的很好，可她没有漂亮的衣服，尽管她努力想让别人喜欢她，可大家还是不愿跟她来往。

师：所以，有时人们认为某人很好，可他却不是个好人。有时人们认为某人很坏，但其实他并不坏。那如果你是个大坏蛋，你会让所有人都知道你是个大坏蛋吗？（探讨阐释和影响）

生：（齐声）不会！

师：所以，有些人真的非常擅于掩藏自己的真面目。有人名声很好，但是个大坏蛋；有人名声不好，却是个好人。（要求澄清）

生：比如，大家都觉得你是个好人，可是暗地里你却吸毒。

生：名声是否意味着，你名声好，你就要这么一直保持下去？你愿意毕生都做个好人吗？

师：我不太确定……（澄清）

生：所以要是你名声好，你就要一直尽力做个好人，不作恶，不干坏事？

师：会有人做好人只是为了要个好名声吗？他们为什么要这么做？（探讨原因和概念）

生：这样他们就能得到别人得不到的东西。

生：他们可能就是害羞，不愿意被打扰。

生：就像不能仅靠封面来判断一本书的内容是好是坏。

师：是的，有些人只看封面，却不关心书的内容如何。好，再问你们一

个问题。我们现在都清楚了，大家都有大脑，大脑能帮助我们理解
这个世界，我们会受到父母和周围人的影响，有时我们选择做好
人，有时我们选择做坏蛋，有时人们会评价我们，等等。现在我问
你：这世上有坏人吗？（探讨影响）

生：有。

生：恐怖分子之类的。

生：晚上偷袭别人的人。

生：劫机的。

生：强盗。

生：强奸犯。

生：流浪汉。

师：流浪汉，他们是坏人吗？（澄清"流浪汉"这个概念）

生：有的流浪汉是。

生：三K党。

生：流浪汉……不一定是坏人。可能流浪汉看起来不像好人，但我们不
　　能以貌取人。也许他们人非常好。

师：所以，有人可能名声不好，但要是你愿意了解他们，就会发现他们
　　其实是好人。流浪汉也有好有坏。（要求澄清，探讨概念）

生：伊拉克人，还有"机关枪"凯利。

师：那我问你，坏人会觉得自己坏吗？（探讨视角）

生：很多坏人觉得自己并不坏，但他们就是坏蛋。他们可能脑子不清
　　楚。

师：是的，有些人确实脑子不清楚。（澄清）

生：他们（坏人）之中的很多人觉得自己并不坏。

师：你刚才为什么说伊拉克人是坏人呢？（探讨原因）

生：因为他们中间有很多恐怖分子，这些人恨我们，对我们搞炸弹袭
　　击。

师：如果他们恨我们，那他们认为我们是坏人还是好人？（探讨影响）

生：他们认为我们是坏人。

师：我们也觉得他们是坏人，那么谁是对的呢？（探讨视角）

生：应该双方都对。

生：双方其实都不是坏人。

生：其实，我真的不明白我们的人和他们的人为什么要打仗。以牙还牙、以暴制暴是行不通的。

生：就像互相仇视的两国有条界线一样，如果有一个国家的人跨越界线，就会被另一个国家的人看作是坏人。

师：所以你对于孰是孰非的判断取决于你来自哪个国家，是吗？（探讨视角）

生：比如，有的劫匪偷东西只是为了养活家人。他是为了家人好，可对别人来说，他确实是个坏蛋。

师：那他觉得自己做的是好事还是坏事？（探讨视角和影响）

生：这要看他站在哪个立场，也许他觉得自己在为家庭做好事，也许他会觉得自己在伤害别人。

生：就像很久以前的"地下铁路"²。有人觉得它好，也有人觉得它坏。

师：如果对于同一件事，很多人认为是对的，也有很多人认为是错的，你该如何区分对错？（探讨视角，探究"伦理"这个概念）

生：根据自己的想法来判断。

师：可你的想法是怎么形成的呢？

生：很多人跟着别人的想法走。

师：可人总要自己决断，不是吗？

生：独立思考？

师：是的，假如我告诉你："咱们班要来一名新同学，她叫萨莉，是个坏蛋。"你相信我的话吗？你该怎么做？（引导出合理的推论）

生：可以见见她，然后判断她这个人好不好。

师：假设她过来对你说："给你这个玩具，你可得喜欢我。"她给你东西好让你喜欢她，可是她把别人痛揍了一顿。你会因为她给了你东西而喜欢她吗？

2　19世纪美国废奴主义者把黑奴送往北部自由州或加拿大的秘密网络——译者注。

生：不会，因为她说："我给你这个，你可得喜欢我。"她这个人好不到
　　哪儿去。

师：那你为什么会喜欢某些人？（探讨原因）

生：因为他们对我好。

师：只对你一个人好吗？

生：对所有人都好！

生：我可不在乎他们给了我什么东西。我只看他们的内在品质。

师：那你怎么能了解一个人的内在品质呢？（寻求信息）

生：你可以问啊，但我会自己判断的。

评论

　　上述讨论完全可以有很多别的进展方向。比如，教师可以不必关注
大脑和情绪之间的关系，而是通过让学生举出更多的有关大脑功能的例
子，并让他们进行分析，从而进一步探讨"大脑"这个概念。另外，在
学生问了"名声是否意味着，你名声好，你就要这么一直保持下去？"这
个问题后，教师可以顺着这条线，反问这位学生为什么要问这个问题，
并且让别的同学说说他们对这个观点的看法。这样一来，讨论就可以以
对话的形式探讨名声、善良的不同程度以及作恶的原因。另一方面，教
师也可以问问学生为什么他们举的例子都是有关"坏人"的，从而进一
步探讨并澄清"坏人"这个概念。这样学生就可以尝试进行初步的归纳
概括，教师可通过追问来验证学生得出的结论。教师也可以不去探讨视
角对评价的影响，而是探讨学生提出的"没有人是真正的坏人"这个观
点。教师可以请这位学生解释一下他的话，也可以请别的学生说说他们
对这个观点的看法。如上所述，教师有无数发人深思的问题可选。在苏
格拉底式对话中，并不存在唯一的"正确的"问题。

　　我们要意识到苏格拉底诘问法是非常灵活的。无论讨论进展到何
处，教师提出的问题都要取决于学生对问题的回应、教师想要学生深
入探讨的观点以及教师在讨论过程中想到的问题。请记住，苏格拉底
诘问法往往提出一些根本的问题，透过事物的表面，找出思考中的不当
之处。

文字稿二：帮助学生将想法形诸笔端（中学阶段）

下面的文字稿所呈现的苏格拉底式讨论初步尝试让学生认识说服性文章是什么样的以及该如何着手准备写出一篇说服性文章。当然，和所有的苏格拉底诘问式对话一样，这样做的目的绝不仅限于此，而是同时意在激励学生批判性地思考自己的行为及背后的原因，以形成一个整体的认识。这有助于他们认识到，自己的想法如果加以升华，也可以成为真知灼见。

师：我们要写一篇说服性文章，所以我们要讨论一下该如何组织自己的想法。说服别人有两种方式：一是晓之以理，即理性诉求；二是动之以情，即情感诉求。两者有何区别呢？咱们先看理性诉求吧。要对别人晓之以理，你会怎么做？（探讨"理性诉求"这个概念）

生：要想让别人信服，就要给出令人信服的理由。你得告诉他们，为什么要做这件事，能从中得到什么好处，为什么对他们有好处。

师：可他们心里不是早就拿定了主意吗？那他们凭什么要放弃自己的理由而听信你的？（探讨原因）

生：也许我的理由比他们的更好。

师：但你有没有这样的经历：你想做某件事，于是跟爸妈大摆理由，即使你的理由听起来极其正当，但他们就是不听你的？（探讨视角）

生：是啊，这样的事还挺多的。老爸老妈说，不管我喜不喜欢，我都得按他们说的做，因为他们是爸妈！

师：看来要想靠给出正当理由来改变人们的看法是不太可能了，因为他们从不改变自己的看法，是这样吗？（探讨影响）

生：不是的，有时人们会改变看法。有时他们考虑不周，略有疏忽，所以如果你告诉他们有些事情他们没注意到，他们也会改变看法……有时会这样的。

师：是的。有时，你要是为别人提供一种新的思路，或者指出他们没有考虑到的地方，人们确实会改变看法的。这对你有什么启发？当你为自己的观点辩护并让别人考虑你的观点时，不能忽略的一点是什么呢？你说呢，汤姆？

生：我觉得我们要考虑看待问题的不同方式，并找出相应的原因和因素。

师：但是怎么才能找到看待问题的不同方式呢？你觉得呢，珍妮特？（探讨观点视角，探讨证据来源）

生：我会去图书馆里查找。

师：但你要找的是什么呢？能不能说得更具体些？（要求澄清，要求精确）

生：当然可以。如果我打算写为何男女要享受平等权利，我会找讨论女性主义和女性的书来看。

师：这对你找到看待问题的不同方式有什么帮助呢？你能不能说得更详细些？（要求澄清）

生：我觉得不同的书观点不同，因为不同女性的想法并不完全一致。黑人女性、白人女性、虔诚的女性、西班牙女性，她们的视角各不相同。我会寻找每组女性给出的最佳观点，将它们融入我的论文。

师：好，但到目前为止，我们只讨论了如何给出理由来支持你的观点，这种方式也就是我在开始时所说的理性诉求。那么情感方面呢？即所谓的情感诉求呢？约翰，情感有哪些？为什么要靠这些情感来打动别人？（探讨"情感诉求"这个概念）

生：情感就是恐惧、愤怒、嫉妒之类的东西。当我们感到极为愤怒或激动时，情感就产生了。

师：那你知道谁会用情感打动我们吗？你有没有被打动过？（探讨原因）

生：当然，我们都尽力让别人感同身受。我们向朋友抱怨自己讨厌的孩子时，会通过描述让朋友生他们的气，这样我们的感受就是一样的。

师：具体怎么做呢？朱迪，你能不能举个例子？（要求澄清）

生：没问题。比如我认识一个女孩，她见了男生就黏住不放，哪怕人家都有女朋友了。所以，我就把她的行为讲给我的朋友听。我讲了她是如何同男生打情骂俏的，把她那副狐媚子模样描述得淋漓尽致。

她真的让我们气愤不已。

师：那你打算让你的读者和你有一样的感受吗？打算触发他们的情感吗？（考虑可能产生的结果）

生：当然了，要是能办到的话。

师：但是这难道不是政治宣传的套路吗？我们先让他们感情用事，然后让他们做出些平时难以做出的疯狂举动来。当年希特勒也是这样，先让人们群情激昂，然后挑起他们的仇恨之情。（探讨"政治宣传"这个概念，要求澄清）

生：是的，但我们演奏国歌时也是这样做的。我们国家在奥运会上拿了金牌，听到国歌在赛场上奏响，我们也会心潮澎湃。

师：你怎么看，弗兰克？我们要不要激起人们的情感波澜？（探讨影响）

生：要是我们打算让人们做的是好事，我们就该这么做。可是要是我们打算让人们做的是坏事，我们就不该这么做。

师：朱迪向朋友讲述有个女孩如何同男生打情骂俏，以此来鼓动自己的朋友对那个女孩感到气愤，你怎么看待她的这种行为？（通过举例来澄清）

生一：您在问我吗？……依我看，她倒是该洁身自好才是。（笑声）

生二：你这么说是什么意思？

生一：还用说，论打情骂俏，谁比得上你呀？

生二：我可从来没有同已经有了女朋友的男生打情骂俏，我只是很友善罢了。

生一：是啊，你可真是"友善"得很呐！

师：好啦，安静一下。我们说到了重点。有的时候我们确实会言行不一。有些事我们也做了，可是见到人家做，我们还是要说人家的不是。写文章的时候，我们必须要好好思考这一点——我们自己愿意按照我们跟别人大肆宣扬的大道理行事吗？换言之，要自问我们的观点是否合乎现实。如果我们的观点太过理想化，读者可不买账。

今天剩下的时间不多了，我来总结一下。到目前为止，我们就说服性写作的多个要点达成了一致：一、给出令人信服的理由来支撑观点；二、对自己给出的理由要一清二楚；三、从多个角度看问题，要考虑读者会怎么看；四、查找与主题相关的书籍或文章，纳百家之言；五、考虑如何用情感打动读者，说到他们的心坎上；六、向咱们班的朱迪学习，举例要具体，通过细节让你举出的例子真实、感人；七、我赞同弗兰克的观点，我们应该当心自相矛盾之处和不一致之处；八、观点要切合实际。

下次课，我希望大家能写出文章的开头，要让读者了解你准备说服他们接受的基本观点是什么，以及你将如何说服他们，即文章的结构安排。在课上你们可以三人一组，分组讨论并修改自己的文章。

文字稿三：帮助学生深思基本概念（高中阶段）

在教学中，我们往往会飞快地跳过基础概念，只是为了能快点讲授那些由基础概念衍生出来的知识。时下这种教学理念极其盛行，从小学到大学，无不在奉行这种"学校就是要教授内容并让学生记住"的观点。而我们真正应该做的，是学期伊始就鼓励学生思考，特别是要思考学科中的那些最基本的概念。这将激励学生从一开始就通过思考来理解问题，而思考的前提就是弄懂基本的概念，为后续的深入学习打下坚实基础。

师：这是一堂生物课。生物课是什么样的课呢？你们对生物学有什么样的了解？凯瑟琳，说说你对生物学这门课的了解。（澄清"生物学"这个概念）

生：这是一门科学。

师：**怎么样才称得上是一门科学呢？**（要求澄清）

生：是问我吗？科学是非常精确的，要做实验、测量、测试。

师：**很好。除了生物学之外，还有别的科学吗？马里萨，你来说说看。**

生：当然有了，比如化学和物理学。

师：**还有呢？**

生：还有植物学和数学？

师：**数学……数学和别的学科有一点不同，对不对？数学同生物学、化学、物理学和植物学有什么区别？布莱克，你觉得呢？**（区分"科学"和"数学"这两个概念）

生：数学不需要做实验。

师：**为什么？**

生：我猜是因为数字和别的东西不一样。

师：**是的，研究数字及其他数学知识和研究现实世界中的化学物质、规**

律或生物等事物不同。你可以问问你的数学老师为什么数字不同于其他事物，也可以阅读相关文献找出答案。但是现在，让我们还是先把注意力放在所谓的"生命科学"上吧。为什么生物学和植物学被称为生命科学呢？（探讨"生命科学"这个概念，将这个概念同"植物学"和"生物学"这两个概念联系起来）

生：因为这两个学科都研究有生命的物体。

师：这两个学科有什么区别？生物学和植物学有何不同？珍妮弗，你觉得呢？（区分"植物学"和"生物学"这两个概念）

生：我不知道。

师：没关系。大家都在词典里查查这两个词，看看词典上是怎么说的。

生：（学生查词典）

师：珍妮弗，词典上就"生物学"这个词是怎么说的？

生：词典上说："生物学研究的是动植物的起源、历史、形态特征、生命过程、生活习性等，包括植物学和动物学。"

师：植物学和生物学之间是什么关系呢，里克？（探讨这两个概念之间的关系）

生：植物学是生物学的一部分。

师：对。那么仅从 biology（生物学）这个词的词源能看出什么？这个词的字面意思是什么呢？如果把这个词拆分成 bio（生物）和 logy（学），那么这个词有什么含义，布莱克？（澄清概念）

生：描述生命或研究生命的科学。

师：所以，你们看出来了吗？词源学能够帮助我们深入了解某个单词的意义。定义长一些就可以把词源意义解释得更清楚一些。为什么实验对生物学家和其他科学家如此重要？人类总是做实验吗，马里萨？（探讨影响）

生：我认为并不是这样。在科学出现以前人类并不做实验。

师：对，科学有一个从无到有的过程，并不是一直都存在的。在科学产生之前，人们做了什么呢？他们是怎么获取信息的？他们是如何形

成看法的，彼得？（寻求证据，探讨视角）

生：是从宗教那儿获取信息的。

师：是的，宗教对人们思想的形成起到了巨大的作用。那么，为什么我们今天不用宗教来判断生命的起源、历史和形态特征呢？（探讨视角）

生：时至今日有些人仍然是这么做的。有些人相信《圣经》上有关生命起源的解释，他们认为进化论是错误的。

师：进化论是什么，乔斯？（探讨理论）

生：我不知道。

师：好吧。大家在词典里查找"达尔文"这个名字，看看达尔文的理论讲的是什么。

生：（学生查词典）

师：乔斯，把你找到的内容大声读一下。

生：上面说："达尔文的进化论认为，所有的动植物物种都是通过遗传由早期的物种进化而来，在进化过程中，代与代之间发生了细微的变异。只有最能适应环境的物种才可以生存下来。"

师：通俗地说，这些话是什么意思呢？乔斯，你能不能解释一下？（要求澄清）

生：就是说强者存，弱者亡？

师：好。如果这种说法成立，那为什么恐龙灭绝了呢？恐龙不是很强大吗？（要求澄清，探讨原因）

生：我觉得恐龙灭绝是因为冰川时代的到来。

师：所以我觉得要想生存下来，光强大还不够，还得适应环境变化。适应能力或许比力量更重要。不过，在回答生命的起源和本质这类问题时，为什么大多数人都向科学寻求答案而不是向《圣经》或其他宗教教义寻求答案呢？（探讨原因和影响）

生：如今多数人认为，科学和宗教面对的对象不同，因此宗教无法回答科学方面的问题。

师：同理，我认为科学也无法回答宗教方面的问题。不过，对于生命本质和生命过程之类的问题，科学家们是如何做到说服别人接受他们寻找答案的方式的呢？凯瑟琳，你这段时间没有发言，你怎么看？

生：我认为科学是可以证明的。科学家提出自己的观点，我们可以要求他们拿出证据，拿得出来我们才能相信他们。要是愿意，我们还可以亲自动手试验一下。

师：**可不可以解释得更详细一些？**（要求澄清）

生：当然可以。化学课上我们做实验验证化学课本上学习的一些内容，我们可以亲眼见证。

师：**说得对。如果我们宣称世上某事物属实，我们必须要能加以验证，看看它客观来讲是否属实，这一思想正是科学的根基。马里萨，你有话要说？**

生：是的。我认为所有事物都是可以验证的。我们会考验父母、朋友，我们还会验证自己的想法是否奏效。

师：**没错，但是你我考验朋友的方式和化学家检验溶液酸碱度的方式之间是否存在差别？**（要求澄清，探讨视角）

生：当然……可是我不知道该怎么解释。

师：**布莱克，你觉得呢？**

生：科学家有实验室，我们没有。

师：**他们的测量精确，使用的仪器也很精密，不是吗？面对我们的朋友、父母和孩子，我们也能这么干吗？阿德里安，你觉得我们为什么不能这么做？**（探讨视角和影响）

生：朋友不需要测量。我们需要的只是弄清楚他们是否真的关心我们。

师：**是的。弄清楚朋友的关怀是否真诚确实不同于弄清楚酸碱度，也不同于弄清楚动物行为。或许世上存在两种不同的现实：一种是质性现实，一种是量化现实。科学关注的多是量化现实，而我们关注的多是质性现实。大家能举出一些我们所有人都关心的质性的想法吗？里克，你来说说看。**（区分"质性思维"和"量化思维"这两个概念）

生：我不太明白您说的是什么意思。

师：**"质性"这个词与"品质"这个词有关。如果我让你说出自己不同于**

兄弟姐妹的品质，你是否就明白我说的意思了？（澄清"质性思维"这个概念）

生：我觉得有点明白了。

师：好，来试一下吧。你觉得你父亲身上最好的品质有哪些？（要求澄清）

生：我觉得是慷慨。他喜欢救人于危难之中。

师：有什么科学会研究慷慨吗？（要求澄清）

生：我不知道，我觉得没有。

师：说得对。慷慨是人类的品质，无法用科学的方法测量，无法将慷慨之类的东西划分成更小的单位，因此科学不是我们了解事物的唯一方式。我们也可以体味世上的各种品质，我们可以体味到善良、慷慨、恐惧、爱恋、憎恨、嫉妒、自满、友善等各种品质。这节课我们关注的主要是如何从科学的或量化的角度来了解生命。

　　下节课之前，请大家阅读课本的第一章，以书面形式简要概述第一章的要点。下节课大家四人一组，每组同学相互协作，共同写出第一章的简短摘要（当然，不可以翻看课本，但可以使用笔记）。每组选出一位代表向全班同学解释你们的摘要。随后我们将就各组提到的观点进行讨论。别忘了今天我们讨论的内容，因为下节课我会问你们一些问题，看看你们是否能将我们今天讨论的内容和课本上第一章的内容联系起来。还有问题吗？好了，下节课见。

文字稿四：帮助学生深思复杂的社会问题（高中阶段）

　　罗杰·霍尔斯特德是霍姆斯泰德高中的社会研究课教师。在接下来的讨论中，他将就学生对中东问题的看法进行苏格拉底式诘问。他将这个问题同二战中的大屠杀联系在一起，最终让学生思考如何才能做到不用新的不公纠正旧的不公。

师：我们今天要浅谈中东问题。大家都看过《让我的人民走》这部电影。这部电影讲述的是二战期间纳粹德国集中营中发生的一些事情，大家都还记得吗？确实令人难忘。20世纪30年代末和40年代，犹太人惨遭纳粹的杀害，谁该为此负责？（寻求合理的结论）

生：所有人……

师："所有人"是什么意思？（要求澄清）

生：杀戮起始于德国。我首先想到的罪魁祸首是希特勒，然后是当时的德国人民。他们没有察觉希特勒的恶毒用心，结果让希特勒大权在握，等到最终察觉时却为时已晚。

师：你会惩罚所有德国人吗？不会？好吧，那么你会惩罚谁呢？

生：希特勒。

师：好吧，我觉得大家应该都同意这一点。还有谁要为此受到惩罚？

生：也许还有他的五个得力手下。我……我不太确定。当时有好多纳粹党人。

师：你确定每个人都是纳粹党的一员吗？（质询假设）

生：并不是所有德国人都是……

师：还要再考虑一下？

生：是的。

师：还有其他人要为此受到惩罚吗？首先，我们都认为有人要为此受到惩罚，对吧？不能让犯下滔天罪行的人逍遥法外。（要求澄清）

生：我觉得这个问题不好回答，不过我认为每个士兵或任何剥夺他人生命的人都要为此负责。杀人偿命。

师：集中营中的每个纳粹士兵吗？（要求澄清）

生：与大屠杀脱不了干系的每个人都要为此负责。

师：与集中营中的屠杀脱不了干系的每个人。好几百万人惨遭杀害，有犹太人、吉卜赛人、反对希特勒的人，等等。你要惩罚的是每一个直接参与屠杀的人。假设现在有一位下士站在我们面前，他直接参与了当年的屠杀。他争辩道："我杀人是因为有人命令我这么做，我不得不听从。我要是不听，他们就会伤害我的家人，或做出什么对我的家人不利的事。"你要惩罚这位下士吗？（探讨伦理影响）

生：我觉得……我的意思是虽然他们不得不服从命令，可他们还是杀了人！你要是杀了人……

师：那如果他们没有杀人呢？要是他们只是残酷地折磨某人呢？

生：那我们应该用同样的方式折磨他们。

师：你的意思是说，对那些在集中营中直接犯下伤害、折磨、杀害罪行的人，我们要以其人之道还治其人之身。那还有很多人为当时德国政府的官僚体系卖命，比如那些装配火车的人、制定列车运行时刻表的人、火车上的工程师，对待他们也要如此吗？

生：是啊，我是说……

师：所有这些人？

生：是的。你想想看，要不是他们干了这些差事，那些被关押的人也不会被运到集中营。

师：好。在犹太人被押上卡车时，很多人站在街道两旁冷眼旁观。对待他们也要如此吗？

生：不，我觉得这有点过了。

师：好吧。那么很多人以各种方式参与了逮捕等活动，他们是这些活动的实施者，包括那些打印备忘录的人，他们要受到惩罚吗？

生：是的，我觉得应该。

师：马努尔，你不赞同。为什么？

生：我觉得这些人当时面临巨大的压力。比如，有人威胁说要将其家人处死，或伤害其家人，或威胁说要把他们也送进集中营。

师：说得好，接着说。

生：我们要从整体来看……他们不应为此负责，因为家人对他们来说弥足珍贵。我们不能惩罚他们，因为我觉得他们不是有意这么做的，他们也不想眼睁睁看着别人受折磨。他们之所以这么做是因为不想看到自己的家人受罪。

师：所以你的意思是说，那些以折磨别人为乐的人应该受到惩罚，对吗？要是我做了坏事，但并不是心甘情愿的呢？（要求澄清）

生：我觉得不应该惩罚这类人。

师：好吧，假设我们把所有的这些人都带到这儿来，问问他们是不是因为想要伤害别人才这么做的，结果所有人都说不是。他们都是有令在身，不得不从。接下来该怎么办？我们怎么知道他们是否真的以折磨别人为乐？

生：问得好。

生：是啊。

生：嗯……这就是为什么我说应该只惩罚带头的，因为是他们决定建立这些集中营，也是他们命令手下人去做坏事的。这些坏事有的人愿意做，有的人不愿意做，无从判断谁愿意谁不愿意。

师：好，假设我是希特勒，你是我的得力手下，我命令你去杀人，如若不从，你就没命了。你虽然不想做，可还是动手了。你应该受到惩罚吗？（要求澄清，探讨伦理责任）

生：应该，首先你就不应该加入纳粹。

师：由此说来，任何在集中营中做了此类事情的人，哪怕他们不愿意做，都应该为此负责并接受惩罚吗？（要求澄清）

生：不能这样做。这样的人太多了。要是杀死所有这些人，以示惩罚，我们岂不是沦落到了和纳粹一样的地步？

师：既然你没法惩罚所有人，你会让有些人逍遥法外吗？（探讨影响）

生：是的，你没法，你没法惩罚所有人。这些人数以百万计，法不责众。

师：有何不可？（探讨原因和影响）

生：因为这样做，岂不等同于当年他们杀害犹太人的行径？

师：有人持不同意见吗？珍妮特？

生：要是人可以不为自己的决定负责，社会不就乱套了吗？

师：什么样的决定？（要求澄清）

生：听从命令的决定。

师：但是要是他们是受到胁迫不得已而为之呢？（探讨原因）

生：他们或许已经考虑了要负的责任。无论怎样，都要直面责任，不能不管不顾地动手干事。

师：假如……假如我告诉你："珍妮特，我想让你把比尔的眼珠子挖出来（笑声）。要是你不听从命令，我就要杀了你。"（探讨影响）

生：我会承担责任的。

师：你会为此送命的。

生：我会承担责任的！

师：所以，即使你是因为生命受到威胁而被迫从命的，但是，因为你确实做出了这样的行为，我们依然应该惩罚你。（要求澄清，探讨影响）

生：是的！这依然是我的决定。

生：可是，要是这些人是应征入伍才进的纳粹集中营，他们是被迫无奈才这么做的，其实他们并不想这么做呢？

生：怎么个被迫法？

生：就像我们派美国士兵出征越南，他们大肆杀人。

生：他们是应征入伍的。

生：很多人当了逃兵。

师：暂停！暂停一下。我们讨论了一个重要的问题，问题的关键是有些人奉命杀人，但是他们本不愿如此。那么这些人该为此负责吗？（探讨伦理责任）

生：我赞同珍妮特的看法。他们要为此负责，是他们自己决定这么做的。他们本可以选择不这么做。我觉得肯定有人宁死不从。他们也作出了决定，决定不听从命令，因为这样的命令他们内心无法接受。但是有人却决定听从命令杀人，自然罪责难逃，必须要接受惩罚，因为他们夺去了别人的生命。

师：暂停一下。你们听说过帕蒂·赫斯特的故事吗？我知道对你们来说年代过于久远了。她被一个自称"共生解放军（SLA）"的组织绑架后，遭到殴打、虐待、洗脑，最后竟然加入了该组织，跟他们一起抢了一家银行，成了帮凶。重获自由后，她被起诉，但她辩解说在抢劫银行期间，那些绑匪拿枪指着她，她别无选择。她要对银行劫案中的行为负责吗？是该无罪释放还是因为抢了银行而接受惩罚？（探讨原因和影响）

生：挺难回答的。（是啊，不公平。）当时绑匪确实拿枪指着她吗?

师：是的，有视频录像。不清楚枪里有没有子弹，但视频显示确实有枪。

生：要是有证据，那就不一样了。

师：你说的"不一样"是什么意思？（要求澄清）

生：我是说她的情况和纳粹不一样。

师：我们暂且不讨论纳粹。设想你是陪审团的一员，你会投有罪还是无罪？（启发合理的推论）

生：无罪。

师：为什么？（探讨原因）

生：因为有证据证明她是被迫的。她受到了威胁，不从就会大祸临头。她是被迫的。

师：她是在生命受到威胁时才做的吗？（要求澄清，探讨原因）

生：是的。

师：好的。假设你，莱斯利，是个纳粹党人，你，盖尔，是中立主义者。莱斯利告诉盖尔说，要是你不杀了犹太人阿里尔，你就会受到惩罚。盖尔杀了犹太人阿里尔。盖尔这么做是因为受到了莱斯利的威胁。盖尔有罪吗？（探讨原因和影响）

生：我觉得无罪。

师：可是你看，你注意到你的立场前后矛盾了吗？一方面，你说帕蒂·赫斯特无罪，因为她是被逼迫的，可另一方面，你又说纳粹党人有罪，即使他们是被逼迫的。（要求澄清，说明理由，指出矛盾）

生：我觉得要具体情况具体分析。

师：**具体情况指的是什么？**（要求澄清）

生：怎么说呢，就是，就是人最终要为自己的行为负责。帕蒂·赫斯特是参与了抢银行，但是并不是直接的。我的意思是，她不该抢钱，她的行为会影响到别人，但是并没有造成人身伤害，并没有造成身体上的伤痛，并没有夺人性命。但是我觉得应该惩罚所有在纳粹集中营作恶的人，因为他们造成了人身伤害，害死了人，他们需要为此负责。

结论

  阅读完这些文字稿之后，请回过头再看下第一部分，要特别关注"为苏格拉底式对话准备的补充问题"（第27–31页），然后尝试引导学生进行苏格拉底式对话。在组织对话前，提前考虑你要关注的主要问题是什么，你想讨论的中心观点是什么，对话中会有什么样的争论，你的主要目的是什么。

  在引导学生进行这些讨论的过程中，不必过于担心自己的水平不足以胜任。引导苏格拉底式对话是门艺术，不是门科学。在讨论的过程中，你无论往哪个方向进展，都会有很多收获。如果某个讨论方向没有取得什么成果，不妨换个方向。练习越多，水平提高越快。练得差不多了，通读本册指南余下的部分，你就能更深刻地认识到在教学中引入苏格拉底诘问法的重要性，知晓如何适时使用苏格拉底式对话，并能更好地理解批判性思维和苏格拉底诘问法之间的关联。

第三部分：苏格拉底诘问法的构成

苏格拉底式讨论的三种类型

苏格拉底诘问法大致分为三种形式：即兴式、探索式和专注式，所需的准备也可相应分为三种类型。从小学到研究生，无论在哪个教学阶段，这些诘问形式均可用于激发学生思考。

这三种苏格拉底式讨论都需要培养诘问技能，教师需要了解各种认知推动策略，判断该何时问何种问题（同时要认识到无论何时都不存在唯一的最佳问题）。

即兴式（无准备型）

如果你的教学洋溢着苏格拉底精神，如果你仍不失好奇之心和惊异之情，很多时候你就会心血来潮，即兴地问学生一些问题，激发他们思考。你也可以抓住机会问问他们的想法，和他们一起探讨如何判断某事是否属实、是否合情合理。若有学生认为在一个几何图形中某个角和另一个角相同，你不妨即兴问问全班如何证明或反驳这个论断。若有学生认为"美国人热爱自由"，你可以即兴质疑这一说法是什么意思（例如，这是否意味着美国人比别人更热爱自由？这是否意味着美国人生活在一个自由的国度？生活在一个自由的国度意味着什么呢？美国人怎么知道他们生活在一个自由的国度？"自由"的含义在所有美国人心中是否是一样的？）。若有学生在科学课上认为太空几乎空空如也，你也不妨即兴抛出几个问题，问问这种说法是什么意思，问问全班如何判断这种说法是否成立。

诸如此类的即兴讨论为如何进行批判性倾听以及如何探讨别人提出的观点提供了样板。如果某种说法看起来有问题、有误导性或并不属实，学生也可以利用苏格拉底诘问法进行自我纠正，从而不必坐等教师纠正。当学生对某一话题产生兴趣之时，当他们提出一个重要问题之时，当他们即将掌握或内化某个新知之时，当讨论停滞不前、毫无头绪或剑拔弩张之时，即兴式苏格拉底式讨论尤其奏效。苏格拉底诘问法提供了详细的对策，循此即可充分调动学生的兴趣。苏格拉底诘问法可助你轻松应对重要议题，吸纳见解，拓展思路，让讨论摆脱僵局、继续向前，在貌似一团乱麻的想法中理出头绪，消弭受挫感或怒气。

虽说从定义来看，即兴式讨论似乎不必提前准备，但其实你也可以预先作些准备，比如熟悉常见的苏格拉底式问题，培养提出探索性的后续问题的技巧，给出鼓励性的有益反馈。以下是一些你可以提前准备的策略：

即兴式苏格拉底诘问法的策略
• 要求就某位学生给出的观点（或你给出的观点）举例。
• 要求就某种立场给出证据或提供理由。
• 举出一两个反例。
• 问大家是否赞同。（大家都同意这个观点吗？有没有人有异议？）
• 举出相近或相似的例子。
• 打个比方来说明某个特定的立场。
• 要求改述某个相反的观点。
• 准确、清晰地重新表述学生的反馈。

简言之，如果你在琢磨意义和真相上用功日勤，并通过问题的形式在学生面前说出自己的想法，苏格拉底式交流就会在不经意之间多次发生。不过，除了这些无意间的惊喜，我们也可以精心设计或安排至少两种截然不同的苏格拉底式讨论：一种探讨的话题范围很广，另一种则聚焦某一特定话题。

探索式

所谓的探索式苏格拉底诘问法，对教师来说，可用于了解学生的所知所想，也可用于了解学生对各种议题的思考。例如，学期伊始或单元伊始，可以用它来评估学生对某门课程的思考。教师可用它来了解学生的价值观或找出学生的思想中哪些方面存在问题、哪些偏见隐而未显。你可以用它来弄清楚学生对哪一块最明白、对哪一块最糊涂。你可以用它来发现学生对哪一部分感兴趣，对哪一部分有争议。你也可以用它来发现学生是怎样将学习材料与自己的思考（以及自己的行为）联系在一起的，结合点在哪儿。此类讨论可用来引入一门课程，让学生为某一话题的后续分析作好准备，或用来帮助学生在考前复习要点。学完一个单元或某个话题之后，可以用它来确定学生的掌握程度，或指导他们完成后续作业。

完成探索式对话之后，你可以让学生就讨论中提出的某个问题写出自己的见解，也可以让学生分组进一步讨论这个问题或话题。

此类苏格拉底诘问法要求我们提出并探索多个而非一个问题和概念，这些问题和概念范围广泛，相互关联。此类诘问所需的预案或预想极少，且结构或顺序相对灵活。在准备此类诘问时，你可以思考一下特定话题（或议题）及与之相关的议题和关键概念，准备一些可以适时提出的常见问题。你也可预先判断学生最有可能给出什么样的回答，准备一些后续问题。但别忘了，学生思想的火花一旦被激发，谁也无法准确预料讨论会向哪个方向发展。

探讨重要概念
在探索式讨论中，下面的这些问题可帮助教师培养学生的概念思考能力，让他们开始重视概念。试举几例： • 什么是朋友？人们为什么要有朋友？有朋友会招来麻烦吗？做个好朋友难吗？普通朋友和死党有什么区别？ • 想要和需要有什么区别？

（待续）

（续表）

探讨重要概念

- 什么是善？什么是恶？善恶有何区别？
- 什么是规则？要规则有何用？好规则和坏规则有何不同？
- 人和动物有什么区别？

专注式

很多情况下，我们的教学要覆盖某些具体话题或议题。此时，专注式苏格拉底诘问法就派上了用场。通过参与用时较长、目标明确的讨论，学生可以深入分析某个议题或概念，学会阐明、分类、分析、评估观点和视角，区分已知和未知，将相关因素和知识有机结合。此类讨论为学生提供了深入探讨某些观点的机会，从最基本的假设到最深远的影响和结果，全面覆盖。这些讨论为学生提供了范围广泛、次第有致、内容综合的对话，通过此类对话学生可以发现、形成、分享观点和见解。此类讨论需要事先预备或深思与某个话题相关的各种可能的视角、结论的支撑理由、存在问题的概念、影响和结果。在此基础上，你还可以进一步作些准备，反思与这个话题相关的学科——这些学科的方法、标准、基本区别、基本概念、相互关系（重合之处或冲突之处）。在准备后续问题时，你应该提前思考学生针对前面的问题最有可能给出的回答是什么。

思考以下关于专注式苏格拉底式讨论的例子，有些适用于低年级，有些适用于中年级及以上。请注意，苏格拉底式对话的问题需要提前设计，但教师可根据学生给出的具体答案灵活地选取问题，也可以另提新的问题。别忘了苏格拉底诘问法不是门科学，任何一个苏格拉底式讨论可能的发展方向都有很多。

深思"配合"这个概念

如果你要重点讲解"配合"这个概念，你需要先让学生明白这个事实：透彻理解某个概念就意味着要透彻理解它的对立面。如果要在更深的层次上理解"配合"这个概念，懂得何时不应该配合与明白何时应该配合同样重要。可是学生往往只是奉命行事，似乎配合永为上策。借由苏格拉底式对话，我们可以帮助学生批判性地思考这个概念。

你可以仿照下面的这些问题来设计苏格拉底式对话：

- 配合意味着什么呢？
- 你有过配合别人的经历吗？请加以说明。
- 你有过拒不配合的经历吗？
- 应该配合父母吗？为什么要配合父母？
- 应该配合老师吗？为什么要配合老师？
- 应该配合朋友吗？为什么要配合朋友？
- 是否需要始终配合别人？
- 什么时候该配合？
- 什么时候不该配合？
- 如果有人劝你容忍那些你认为不对的事情，你应该配合吗？如果你拒不配合，却因此招致辱骂，你会转而配合他们吗？
- 如果大家互不配合，整个世界会怎样？
- 如果大家始终相互配合，整个世界会怎样？
- 人们相互配合时会出现什么问题吗？

深思"民主"这个概念

- 民主政体是什么?

- 生活在民主国家意味着什么呢?

- 如果民主政体下的人民没有受过教育,这个民主政体能运转良好吗? 为什么?

- 如果人们在投票立法之前不愿意了解这些法律,能行得通吗?

- 所有的家庭事务都要民主决策吗? 任何一件事务都要民主决策吗? 学校里的事务呢?

- 如果一切都要民主决策,会怎样?

- 如果家里的一切事务都要民主决策,会怎样?

- 如果学校里的一切事务都要民主决策,会怎样?

- 如果一切都不经过民主决策,会怎样?

- 民主制和财阀统治有什么区别?

- 民主制和寡头统治有什么区别?

- 如果国内富人比穷人拥有更大的权力,那么民主政治会在何种程度上依然充满生机?

- 美国在多大程度上实现了民主? 美国在多大程度上是财阀统治?

- 在这个国家,富人比穷人拥有更大的权力的情况处于什么程度? 能否举例?

深思"语言"这个概念

- 什么是语言？
- 语言的目的是什么？
- 什么是言语？
- 我们可以用言语伤人吗？可以用言语来助人吗？
- 没有言语会怎样？
- 没了言语，生活还有意义吗？
- 我们使用的语言对我们的思维方式有什么影响？
- 语言对我们的行为有什么影响？
- 是否有人可以用语言来控制别人？
- 比如，表面上我口口声声说我是你的朋友，暗地里却觊觎你的某个东西，这种情况是否属于故意用语言来控制别人？
- 人们可以随意使用语言吗？

深思"朋友"这个概念

- 成为朋友意味着什么?
- 怎么判断某人是不是朋友?
- 有没有人对你很好却不是你的朋友?
- 有没有人当面讲逆耳之言却依然是你的朋友?
- 有没有人不跟你玩却依然是你的朋友?
- 朋友和同学有什么区别?
- 父母能成为朋友吗?
- 拥有朋友很重要吗?
- 如果某人不是你的朋友,该怎么对待他 / 她?
- 人会没有朋友吗?
- 如果你没有朋友,会有何感受?
- 是否有人想和你做朋友,你却拒绝了?
- 敌友有何区别?
- 有没有人想要害你却依然是你的朋友?

深思"科学"这个概念

你可以专注于你任教的学科（比如科学）里的某个关键概念。用以下问题向学生提问，帮助他们批判性地思考"科学"这个概念：

- 科学家都做什么样的事情？
- 科学为什么重要？
- 科学家提出的一些最基本的假设是什么？
- 通过科学我们了解了什么？
- 通过科学我们应该可以了解到什么？
- 科学和别的研究领域有什么区别？
- 科学有哪些分支？
- 如果没有科学，或者我们不具备科学思维，我们的生活会怎样？
- 科学有哪些局限性？
- 科学可以解决一切问题吗？
- 科学引发过问题吗？

公开质疑真相和意义

通过引导苏格拉底式讨论，教师可以激发学生思考，深入了解学生的看法。通过清晰阐述自己的所思所想，学生可以形成并评估自己的思考。在苏格拉底式讨论中，教师会鼓励学生将思维放缓，详尽阐述自己的想法，学生可以借此机会形成自己的看法，并加以检验。这些看法有的是不假思索就形成的，有的是在学校里学到的。在这个过程中，学生可以将这些看法凝练成更有条理、更为完善的观点。

苏格拉底诘问法要求教师必须认真对待学生的所言所想：学生提出的观点是什么意思，对学生有什么重要性，和其他观点有什么联系，如何检验，在何种程度、何种意义上属实或成立。借由苏格拉底诘问法，教师可以将他们想要了解学生观点的渴望转化为探索性的严谨问题。通过公开质疑，教师既表达了对学生观点的兴趣和尊重，也为学生示范了该如何分析问题。通过富有成效的苏格拉底式讨论，教师表现出对学生观点的浓厚兴趣，并以这种热情感染学生，让他们主动去质疑自己的所想、所听、所读的意义和真实性，从而清楚地向学生传达这样一种信息：要严谨思考，并认真对待每个人的观点和看法。

苏格拉底诘问法基于这样的理念：所有思维都有逻辑或结构，任何一种见解都只能部分揭示背后的思维，相互关联的见解组成了一个庞大的体系，无论何种见解，它所表现的内容不过是这个庞大体系的冰山一角。苏格拉底诘问法旨在解释某人提出的观点背后的逻辑。苏格拉底诘问法基于这样的前提：所有思维均有假设；都要提出观点或创造意义；都有影响和后果；关注的对象有主次；对于概念有取有舍；受目的、议题或问题的限制；对于事实有的讲有的不讲；有隐有显；有深有浅；有的具有批判性有的不加批判；有详有略；有独白有对话。

苏格拉底式教学形式多样。无论师生，均可提出苏格拉底式问题。这些问题可用于大组讨论、小组讨论、两人对话或自言自语。虽然目的可能不同，但其共同之处在于都认为人的观点的形成离不开探究性的引人深思的问题。提问的人要推敲他人的观点，设想接受他人的观点会怎样，不接受又会怎样。

若有学生言称人是自私的，教师可以公开质疑这句话是什么意思，或提问学生某人或某种行为无私又是什么意思。接下来的讨论要有助于弄清自私的行为和无私的行为等概念，找到所需的证据来断定某人或某种行为是否自私，探讨接受或否定一开始的观点的后果。这样的讨论让学生有机会检验他们对慷慨、积极性、义务、人性、对错等概念的看法。

有些人误以为进行苏格拉底式讨论就是七嘴八舌乱嚷一通。其实，苏格拉底式讨论的目的很明确，方法也切实可行。在苏格拉底诘问法的引导下，任何讨论（思考过程）都是严谨有序的。在精心安排之下，讨论（思考过程）会让学生的想法变得从糊涂到清晰、从悖理到合理、从隐晦到明确、从未经审视到考虑周详、从前后矛盾到相互连贯、从语焉不详到彰明较著。要学习如何参与苏格拉底式讨论，我们必须要学习如何用心倾听别人的发言，寻找证据或理由，识别并反思假设，发现影响和结果，举出例子、类比和反例。总之，要尽力追求真知，将它和主观臆断区分开来。

学生观念的来源

批判性地思考教学的教师会意识到学生的观念有两种：一种是由学生的个人经历、内心思考、与同伴和周遭环境的互动等形成的观念，一种是在成人的教导下（在家及在校）学习到的观念。

第一种可称之为"真实"或"行动"观念。这些观念界定了学生的真实世界，是行动的根基，是指导行为活动的价值观的源泉。此类观念来自学生为世事所赋予的意义，深受所谓"快乐原则思维"的影响，多以自我为中心，以社会为中心，未经深思，语焉不详。学生所持的大多数观念都属此类，他们以此指导自己的行为。

人们会接受某些并不合理的观念，有的是因为别人都如此，有的是因为想借此让自己的某些愿望显得冠冕堂皇，有的是因为更乐于接受这种观点，有的是因为想借此得到奖赏，有的是因为自我认同，有的是因为担心若不照此观念行事会遭人排斥，有的是因为想借此观念让自己对他人的爱憎显得理直气壮。

当然，未经深思的观念中也不乏合理的观念。因此，学生的行动观念既包括自我中心的、社会中心的和不理性的观念，也包括理性的、合理的和理智的观念。

有些学生的观念与师长所讲的道理不一致。由于怕违逆权威，学生很少将其行动观念提升到皮亚杰所说的"自觉意识"层次。学生往往把通过个人经验积累的观念和他们在学校和家庭中"学"到的观念区分开来，且分得很清。因此，学生通常不会用在学校学到的大道理来解决生活难题。

第二类观念的来源是成年的权威人物的教导，其基础自然是这些权威人物对现实的解读，而非学生自己对现实的解读。成人思维可能是基于偏见、歧视、自欺、误解等，学校的教学内容也可能有缺陷，因此，学校里教的知识不一定是合情合理、不容辩驳的。

因此，重要的是让学生有机会用语言表达这两类观念，从而找到两者的一致或抵触之处。重要的是让学生有机会发现自己的观念体系和成人提供的观念体系中的问题，将一种观念体系中的所学与另一种观念体系中的所学结合起来。而这一切只有在一种相互支持、以学生为中心的氛围中才能实现。

关注此问题的教师会提供一种让学生可以发现并探索自己观念的环境。如果学生表达自己的观念有困难，教师也不必催促，给学生时间，让他们进行深入的讨论。教师应禁止学生因观念不同而相互攻击。能质疑自己观念的，教师要表扬，能综合考虑多种观点的，教师要鼓励。教师应主动邀请学生质疑权威人物（包括教师自己）提供的观点，教学生质疑一切可疑的说法，用认知标准来评价答案。高招之一就是使用严谨的提问程序，这有助于学生发掘自己的观点，衡量自己的观念是否有说服力。

除非教师创造条件，让学生通过反思发现自己的行动观念，否则这两类观念将井水不犯河水，在学生的生活中各管各的领域。第一类观念控制学生的行为，特别是个人行为。第二类观念控制学生的语言，特别是公众场合的言论。第一类观念是做给自己看，第二类观念是演给他人看。通过严谨的诘问，教师可以帮助学生发现并解决这两种思维方式自身的矛盾和这两种思维方式之间的矛盾，帮助他们探究自身思想和行为及他人思想和行为中的矛盾、双重标准和虚伪，并在此过程中形成公允的批判性思维。

苏格拉底诘问法指南

和全班一起思考

引导苏格拉底式讨论并没有一定之规。因此,在引导讨论的过程中,你应该尽力和全班一起思考。要做到这一点,你必须用心聆听讨论过程中出现的每一个观点。只要学生回应了问题,你就必须认真思考学生的发言,衡量一下这番话为讨论作出了哪些贡献。但是,对讨论有贡献的回答必须是清晰的。不要急于判定学生的发言在讨论中的位置,一定要先确定自己真的听懂了学生的发言。只有理解了学生的观点,才能判断学生的发言是如何融入整个讨论的。

回应无定法

请记住,无论一个人说了什么或想了什么,都存在多种回应方式。试举几例:

- 你的观点是怎么形成的?
- 有无佐证?
- 能否结合个人经验举例说明?
- 如果我们接受了你的说法,会有什么影响?
- 别人可能如何反驳这一观点?

该停下来静静反思时一定不要犹豫

不要急于回应学生的言论。好的想法的产生通常需要花费时间。给自己和学生留些时间，深入思考一下正在讨论的内容。随时准备抛出下面的话："我需要一点时间好好想一想。""这个想法很有趣，我希望大家花几分钟好好思考一下：如果我点到你，你该如何回应这一观点。其实，我需要几分钟思考一下我该如何回应。"

把控讨论

确保大家都遵守纪律，每次只有一个人发言，其他人都要耐心倾听。教师要以身作则，尊重每一个人的发言。要求学生总结别的同学的发言，严禁学生粗鲁插话或打断别人的发言。

每隔一段时间总结一下讨论的进展：回答了哪些问题，哪些问题尚未解决

苏格拉底式讨论通常通过多种角度来看待某一问题，讨论过程中会出现各种各样的言论，学生需要看到讨论取得了哪些成果，解决了哪些问题，还有哪些问题尚待讨论。这个时候教师就要及时出手相助了。每隔一段时间总结一下讨论已经解决的问题，还有哪些问题尚待回答。或者可以先请一名学生总结已经解决的问题以及尚待回答的问题，如果还有不完整的地方，你再补充总结。

把自己当成讲求理智的管弦乐团指挥

身为讨论引导者，你的作用就相当于一位讲求理智的管弦乐团指挥。你要确保声音是和谐旋律，而非刺耳噪音。要让每个人都守规矩，没有人会淹没别人的声音，不偏离讨论的核心。你提出的问题可以为讨论带来纪律和秩序。

控制正在讨论的问题

要明白提问的人就是那个引导讨论的人，因为思维无论何时都是由正在解决的问题推动的。因此，讨论过程中一定不能让正在讨论的问题失控。如果你决定让学生提问，要想好如何引导问题的处理，控制整个讨论，确保回应某个问题时的言行可以推动整个讨论向前发展，有助于找到终极问题的答案。

帮助学生将苏格拉底式对话中的收获从公开的言论转化为引导自身行为的内心声音

苏格拉底式讨论的引导者之于整个班级，正如批判性思维之声之于个体心灵。两者的共同之处在于，都专注于审慎地深思问题。苏格拉底式对话产生的是一种公开的言论。我们希望学生最终将这种公开的言论转化为内心的声音，这种内心的声音在诘问时明确严谨。我们想要他们像苏格拉底那样质疑自己的假设、推论和结论，用探索性问题审视日常思维模式，时常反思自己的思维，质疑那些不假思索就给出的答案。

知道该何时说出内心的疑问

在培养苏格拉底式诘问能力的过程中，你会觉得心中的困惑毫无头绪。通常你会难以确定应该和学生分享哪些疑问。当然，你肯定不想把他们吓倒，既不想让他们感到疑惑不解，也不想让他们觉得千头万绪无从谈起。所以，什么时候该以提问的方式说出内心的疑问，什么时候该闷在心里闭口不谈呢？

解答此类问题并没有万全之策，不过有几条指导原则与君分享：

- 多摸索，多尝试。如果有些问题没问到点子上也不打紧。谁也做不到总是能问出最能激发学生思考的恰到好处的问题，所以不要害怕试错型诘问法。
- 联系学生的体验和感知需求。酝酿问题时，注意将学习材料和学生的体验联系起来。如有可能，使用一些对学生来说很直观的例子。问题的难度要符合学生的能力水平。
- 坚持再坚持。如果学生没有对问题作出回应，请耐心等待。

如果还是没人回应，你可以将问题换种说法，或者将问题分解成几个更为简单的问题。

问题的难度要符合学生的思想和能力水平。不要天真地认为学生会马上喜欢上这种形式。但是，只要使用得当，苏格拉底诘问法可用于几乎所有年级的教学，只是形式不同罢了。

第四部分：问题在教学、思维和学习中的作用

现在我们已经了解了苏格拉底诘问法的基本构成，也掌握了让苏格拉底式对话更为丰富多彩的批判性思维概念，本指南的最后两部分将介绍苏格拉底诘问法的一个实质性概念。在这个过程中我们将做到以下几点：

1. 首先，我们要讨论诘问在受过良好教育者的思想中发挥的重要作用，以及（由此可得出的）将诘问置于教育过程的核心地位的重要性。

2. 我们要回顾苏格拉底诘问法的历史根源，总结苏格拉底的哲学体系和诘问实践。

3. 我们将苏格拉底使用的对话法和批判性思维联系起来，强调批判性思维理论在苏格拉底式诘问过程中发挥的重要作用。换言之，通过展示批判性思维概念在苏格拉底式诘问中的应用，进一步丰富苏格拉底式诘问的实践。

教师成为诘问者

只要是关注学生思想发展的教师，必定会关注问题在教学中发挥的作用。问题让我们得以理解这个世界及世间万物，问题让我们得以理解主题和学科，问题让我们得以表达认知目标和目的，问题让我们得以或深或浅地思考。

若要培养批判性思维，我们必须创造一个有利于进行批判性思考的环境。在课堂和学校这个环境中，我们要创造一个微型批判性社会，一个鼓励和奖赏批判性思维价值观（求真、开明、共情、自主、理智、自我批评）的地方。在这样的环境中，学生会学着依靠自己思想的力量找出并解决问题。他们会学着相信自身思维的巨大威力。他们无惧独立思考。权威人物不是那些告诉他们"正确"答案的人，而是那些鼓励和帮助他们找出答案的人，是那些帮助他们发掘自身思想宝藏的人。无论是学生还是教师提出的问题，都是一切教学活动的焦点。

在实质性的批判性思维模式中，教师的作用应该是质疑而非传道。教师要学习如何提问，要让问出的问题能够探究意义，能够找出原因和证据，能够让阐释更具体，能够让讨论不再使人发蒙，能够让人更有兴趣倾听别人的观点，能够让对比和比较卓有成效，能够让矛盾和不一致之处一览无遗，能够指明影响和结果。致力于批判性思考的教师明白，无论什么教育，其主要目的都是教会学生如何学习。要教的具体内容太多，谁也无法预测学生将来会需要什么样的知识，因此教师要重点强调对基本问题和议题的思考。而由于具体内容是解决问题过程中必不可少的组成部分，因此也是有用的、相关的。

联系生活实际，将内容看作相互关联的体系

如果教师培养学生的学习能力，关注思考问题的工具，就可以帮助学生学到终身受益的知识。这些教师明白，学科是为了使用方便而随意划分的，日常生活中最重要的问题根本无法按学科分类，彻底理解一种情况往往需要将好几个学科的知识和见解融合在一起。因此，要想深入理解某一学科，必须同时了解别的学科。（例如，如果不提出或回答心理学、社会学等学科的相关问题，也无从回答历史学方面的问题。）

学生只有在校外的日常生活中应用知识、证据和推理，并感到受益匪浅，才会发现知识、证据和推理很有价值。换言之，他们需要明白在校所学和生活的关联。找出那些每个人都必须要面对的问题后，教师应该鼓励每个学生找到重要问题的合理解决办法。问题如：

我是谁？这个世界的真相是什么样的？我的父母、朋友和其他人是什么样的人？我是如何变成了如今这副模样的？我该崇尚什么？我为什么要崇尚它？我拥有哪些真实的选择？谁是我真正的朋友？我能信任谁？谁是我的敌人？一定要和这些人为敌吗？这个世界为什么成了今天这个样子？人们是怎么变成今天这个样子的？世上有真正的坏人吗？世上有真正的好人吗？何为好，何为坏？何为对，何为错？该如何判断？如何判断公与不公？如何才能公平对待别人？对待我的敌人也要公平吗？该如何生活？我拥有什么权利？我需要承担的责任是什么？

崇尚个人自由和独立思考的教师不会嚼饭与人，将现成的答案直接提供给学生，当然也不鼓励学生以偏概全，让学生误以为所有的答案都是主观臆断、夸夸其谈。为了培养理解能力，学生必须通过独立思考来理解学科内容。他们必须要明白，教学内容和学科范围内的问题密不可分。如果他们学会在学科范围内思考，问题会成为他们质询的源泉。此

外，他们必须学会娴熟、严谨地思考问题。教师应提出探究性问题，并鼓励学生也这么做，同时通过示范整个过程来培养学生娴熟的质询能力。不能强行引导讨论得出对学生来说不合理的结论，也不能强迫学生接受这些结论。

因此，注重培养深度学习的教师要批判性地思考他们任教的学科，要时常反思以下问题：

本学科中最基本、最关键的观点和技能是什么？这个领域的从业人员在做什么？他们是怎么想的？学生为什么要熟悉这个学科？这个学科对受过良好教育的公民有什么用？如何让我的学生觉得这些用处明明白白、真实可信？不同学科领域交叉之处在哪里？每个学科的方法和见解会在理解别的学科时发挥什么样的作用？对理解个人在世界上的定位作用如何？

学校教育的问题之一是教师往往过于强调"面面俱到"而非"专心思考"。其中一个原因是他们没有充分认识到问题在讲授课程内容时可以发挥巨大的作用。因此，他们误以为可以撇开问题直接照搬答案。事实上，僵化的教学中难觅问题的身影，而所有的断言（所有那些咬定某事必然如此这般的说法）其实都含蓄地回答了某些问题，但这一事实几乎没有人认识到。比如，"水在100摄氏度时会沸腾"这一说法其实是"水在什么温度下会沸腾？"这一问题的答案。因此，课本上的每条陈述都是某个问题的答案。只要把每条陈述转换为问题，所有的课本都可以以提问的形式进行改写。据我们所知，还没有人做过这样的事情，这正好证实了教学中答案备受推崇、问题无人问津的事实，也证实了教师往往认识不到问题在学习过程中的重要性这一事实。在如今的教学中，位于学科核心的问题多数已被晦涩的"答案"狂潮席卷吞没。

思维由问题驱动

思维是由问题驱动的，不是由答案驱动的。如果学科（比如物理学或生物学）奠基人当初没有提出问题，这个学科根本就不会发展起来。而且，只有不断提出新问题，并认真对待这些新问题，将它们当作思维过程的推动力，学科才能保持活力。无论是透彻思考还是重新思考，都要能问出引人深思的问题才行。

问题可以明确任务，说明困难，解释议题，而答案常常意味着思想画上了句号。只有当答案能再派生出一个问题时，思想的生命才能得以延续。这也说明了只有当学生有疑问时，他们才真的在思考和学习。无论什么学科，只要让学生列出他们针对该学科提出的所有问题，包括由他们首先列出的问题派生出的所有问题，就足以检验出学生的水平。可是我们从未让学生列举过问题，也从未要求他们解释这些问题的重要性，这再次证明了孤立于问题之外的答案的特权地位。换言之，我们问问题，只是为了得到不用再动脑子的答案，而不是为了提出更多的问题。

把浩如烟海的学习内容（即需要记住的陈述句）扔给学生，让他们死记硬背，就好比是频繁地踩刹车，可是车早就熄火了。其实，学生需要用问题来发动他们的认知引擎。他们需要循着我们的问题，自己提出问题，让思维行动起来。不动起来，思维毫无用处。再进一步说，我们提出的问题决定了我们思维的走向。

有深度的问题让我们看透事物的表面，逼着我们直面复杂因素。质询目的的问题迫使我们明确任务。质询信息的问题迫使我们审视信息来源和信息质量。质询阐释的问题迫使我们检验组织信息或赋予信息以意义的方式。质询假设的问题迫使我们检验那些我们视为理所当然的观点。质询影响的问题迫使我们寻根究底，推测我们的思维将走向何方。质询视角的问题迫使我们检验自己的视角，同时也思考其他相关视角。

质询相关性的问题迫使我们区分哪些因素与问题相关，哪些无关。

质询准确性的问题迫使我们进行评价并检验，看看是否属实，是否正确。质询精确性的问题迫使我们提供细节，解释得更详细。质询一致性的问题迫使我们审视自己的思维以寻找矛盾之处。质询逻辑性的问题迫使我们思考如何组织整个思维过程，确保在一个合理的体系内的思想合情合理，能够成立。

不过，多数学生几乎从未问过这些需要动脑筋的问题。他们往往固守诸如"会考这个吗?"之类的死板问题。问出这样的问题，说明他们根本不想动脑子。话说回来，多数教师自己也提不出问题，也答不上来。他们并没有认真思考或再三思考自己的学科，只是照搬别人的问题和答案（这些通常来自课本）。

我们必须时时提醒自己，只有当师生就学习内容提出问题，他们才称得上开始了基于内容的思考。提不出问题，就说明尚不理解；问题问得浅，就说明理解得浅。

多数学生往往提不出问题，他们坐在那儿一言不发，脑子连转都不转。因此，他们提出的问题总是很肤浅，不像样。这说明，多数时候，他们压根儿就没认真思考过那些本该认真学习的内容。

如果想要学生卓有成效地思考，我们必须向他们抛出问题，引导他们接着提出问题，从而激发他们思考。此前的学校教育毁掉了他们的思维能力，我们必须克服其遗毒。接手这些学生以后，我们必须要唤醒他们几近了无生气的心灵。我们必须为学生提供"刻意的深思干预"（相当于思想领域的人工呼吸）。

在培养诘问能力的过程中，学生要明白，任何想法都不是完善的，都有改进的余地。学生对思维本身的理解也同样并不完善。认识到这一点，爱思考的学生就具备了认知谦逊：他们会认识到人类想法和见解的局限，也会认识到（由问题推动的）思维总是在不断地发展。从理论上来说，思维永远不可能是完善的。

因此，在健康的思维中诘问永不停息。问题会变换形式，会变得丰富多维。它们推动思维不停向前发展，直到思考者满意为止。答案不过是临时休憩之所，并非终极归宿。总有无穷无尽的思维之路等待你去继续探索。

第五部分：苏格拉底、苏格拉底诘问法和批判性思维

要想问到点子上、想到要害处，我们需要掌握诘问的方法，了解如何诘问。只有掌握了质询的技巧，我们提出的问题才能卓有成效，从而引导我们思考出卓有成效的答案。简言之，我们要具备像苏格拉底那样的提问能力。

此部分我们将探讨苏格拉底诘问法这一严谨、系统的诘问方法。我们首先关注苏格拉底诘问法的历史渊源，这种方法是由苏格拉底本人创立并展示给世人的。然后我们给批判性思维下个定义，将它和苏格拉底诘问法联系起来，从而说明要想使苏格拉底诘问法卓有成效，就必须发挥批判性思维的重要作用。

苏格拉底诘问法的定义

要确切阐释"苏格拉底诘问法"这个概念，首先要思考几个相关定义，然后再荟萃其精华。

"苏格拉底诘问法"和"逻辑辩证法"这两个术语经常可以通用。思考《韦氏新世界词典》（1986 年大学版第二版）中给出的定义：

> 苏格拉底诘问法：苏格拉底本人使用的谈话教学法或讨论法。提问者要求对方回答一系列易于回答的问题，这些问题必然会引导对方得出提问者早已料到的合理结论。
>
> 逻辑辩证法：通过逻辑推理来检验观点或想法是否正确的方法或做法，通常使用问答法。

再看看《韦氏英语百科词典》（1989 年未删减版）是如何定义这两个术语的。你会发现，两本词典的阐释角度略有不同：

> 苏格拉底诘问法：像苏格拉底那样，以提问的方式启发学生，让他们潜在的想法在脑海中成形，或者引导对方承认自己的无知，从而建立正确的主张。
>
> 逻辑辩证法：通过逻辑严密的讨论来检验理论或观点是否正确的方法或做法。

请注意，在苏格拉底诘问法的第二个定义中，有两个关键术语需要进一步的解释。以下是《韦氏英语百科词典》（1989 年未删减版）中的定义：

> 潜在的：存在但不易察觉的，不明显的或未成为现实的；以隐伏的状态存在的。

主张：有待讨论或例证的陈述或论断；肯定或否定某事的陈述，由此将此事定性为真或假。

综合考虑以上定义，我们可以这样给苏格拉底诘问法下定义：

提出问题并引导出答案的方法，公元前五世纪至公元前四世纪之间由苏格拉底在雅典首创，有下列当中的一个或多个目的：

1. 检验理论或观点是否正确。
2. 循循善诱，让潜藏于脑海中尚未成形的想法成形。
3. 引导回答者得出符合逻辑或合理的结论，无论发问者是否已预知该结论。
4. 引导对方承认其观点或结论需要进一步检验是真是假。

苏格拉底其人其事

了解了这个定义后，让我们简短回顾一下苏格拉底的生平，特别是他的诘问能力、诘问技巧和爱问问题的禀性，从而掌握苏格拉底法诘问法（采用对谈方式的诘问法）的框架。

苏格拉底（公元前 470 年—公元前 399 年）是古希腊早期的哲学家、教育家。他认为，最佳的教学方式就是严谨缜密的诘问。换言之，他认为，灌输知识，强迫服从，教学效果并不好；相反，通过诘问法引导对方悟出最合理的结论，采取最合理的行动，教学效果方能达到最佳。苏格拉底经常用诘问法帮助人们认识到，他们口口声声不加怀疑的，其实自己压根就不信（因为他们言行并不一致）；他们言之凿凿谓之无懈可击的，其实是错误的观念，或有违逻辑。

诘问他人时，苏格拉底常亦师亦友，向对方展示理智的人生所必需的严谨探究能力。试看下文：

有人自诩了解公正、勇气等概念的真义，苏格拉底遂与其讨论，从而进行哲学思辨。在苏格拉底的诘问下，最终发现两人其实对这些概念一无所知。于是两人再次携手努力，由苏格拉底以问题的形式提出假说，这些假说或被对方接受，或遭到对方反对。问题虽未解决，但双方都意识到了自己的无知，都同意尽可能地继续探讨。通过这些讨论（或逻辑辩证），苏格拉底进行了问答式的研究……这些讨论是苏格拉底留给后人的真正精华。（保罗•爱德华主编，《哲学百科》，纽约：麦克米伦出版公司，1972 年，第 483 页）

在应付对手时，苏格拉底也让诘问法派上了用场。他一再追问，直至对手承认其推理不合逻辑，有欠推敲，并非无懈可击。

无论身处何时何地，苏格拉底最关心的是推理是否严密，是否能够更加接近真理。于他而言，学习的过程为其兴趣所在，他在意的是诘问的过程，而不是得出结论。面对难题、困惑、迷惘、迟疑，他得心应手。他以思想敏锐而著称，总能提出很多问题来辩论或讨论，孜孜不倦地拓展自己和他人的思路。

苏格拉底并无著作传世，因此我们无法直接了解他本人的哲学体系。我们对于其思想言行的了解，主要是通过他的两位学生柏拉图和色诺芬[3]的著作（尽管其他人对于他的事迹也多有记述，无论在其生前还是身后）。

公元前399年，苏格拉底在雅典被起诉，最终被判处死刑，罪名有二：

1. 不信奉本邦供奉的神，另树新神（虽然有人指控苏格拉底不敬神灵，但所有证据都证实这个罪名不成立，证据之一是苏格拉底相信人死后灵魂不灭）。

2. 蛊惑、腐化青年（他们认为苏格拉底腐化青年的手段是培养青年人的智识，鼓励青年人怀疑现状）。

要理解苏格拉底的哲学观念和影响，需要思考这个问题："在多大程度上苏格拉底对城邦构成了实实在在的威胁？"

视苏格拉底为一种社会力量，心生惧意，是有原因的。在当时，卓越性（出类拔萃，指人应追求个人的卓越，过理智的生活）、教育和城邦已融为一体，以同一面目示人，大家都对这些假设深信不疑。此时却有位教育家跳出来对此猛烈抨击，肯定会被人认为大逆不道。苏格拉底不仅公开提出像"什么是卓越性？""兜售这个概念的是谁？"之类的核心问题，而且通过将当时公认的代表人物辩倒，对人们深信不疑的教学法提出质疑，营造了诘问和质疑的风气。那些思想保守的人自然会怀疑他恶意蛊惑涉世未深的青年，蔑视一切权威，令权威蒙羞，伤风败俗，破坏城邦社会的稳定。显而易见，苏格拉底信奉的价值观与众不同。苏格拉底淡泊名利、清心寡欲，这本身就是对那些浑浑噩噩、见利忘义的机构和政客的无情

---

3 色诺芬是苏格拉底的弟子。在苏格拉底被起诉和处死之后不久，色诺芬记录下了苏格拉底的生平和事迹。

嘲讽。(《哲学百科》，第482页）苏格拉底也许是古希腊思想史上见解最独到、影响最深远、争议最大的一位人物……显然在最好的社会里他活得轻松自在，可他藐视社会地位……他生活比较贫困，这符合他物质财富不重要，自我需求很简单的观点……传统观点认为，审判苏格拉底是否渎神的法庭本不想判他死刑，但苏格拉底坚持自己的原则不肯妥协。这种故意作对的举动激怒了法庭，因此法庭最终判处他死刑。(《哲学百科》，第480页）

苏格拉底展现的认知美德

经过长年累月的专注练习，苏格拉底拥有了多种认知美德或品质，这些品质体现在其日常言行中。识别出这些品质对于我们意义重大。首先，也许是最重要的一点，他是认知谦逊的生动榜样。他敏锐地认识到自己所知有限，勇于向别人坦承自己的无知，这种品质难能可贵。实际上，他视自己的缺点为长处，这是迈向"知"的第一步。苏格拉底认为：人们之所以有不理智之举，主要是因为他们不懂该如何行理智之举。在《西方哲学史》[4] 一书中，罗素就此评论说：

> 柏拉图笔下的苏格拉底始终如一地坚持说自己一无所知，他自认为比别人高明的地方仅仅在于他知道自己一无所知，但他并不认为知识是无法获得的。相反，他认为求知极其重要，他执意认为没有人会明知故犯，因此，唯有知识可令世人德行完美。（第 92 页）

《不列颠百科全书》（1911 年第 11 版）有关苏格拉底的词条也表达了相同的观点，苏格拉底在书中被描绘为兼具认知谦逊和认知自主之士：

> 他深知自己的思想和言行多有前后矛盾之处，敏锐地觉察到别人身上也有同样的问题。他时时将自己置于无知这一立场，希望别人也能像他一样，承认自己的无知，凡事察验、真善美的要持守。（第 332 页）目睹自诩博学之士常常说不出个所以然来，苏格拉底坦承……他比别人高明之处就在于别人"无知却自以为知"，而他"无知且自知无知"。（第 333 页）

> （苏格拉底）情操高尚，情感真挚，不受所谓的民意的影响……

4　伯特兰·罗素著（纽约：西蒙与舒斯特出版公司，1972 年）

彻底否定自我。以己之愚使人变智。他先将自己降低到对方的层次，希望能把对方提高到自己的层次。面对什么样的人，他就做什么样的人，无论如何总要说服一些人。（第 333 页）

和学生在一起时，苏格拉底先假装对某一主题或议题一无所知，然后通过反复诘问，引导学生将所知和盘托出。他的目的是，在对谈的过程中，让学生逐渐认识到其概念构想和假设本身固有的问题，认识到其言行中的矛盾。他身体力行，向学生展示认知谦逊和认知自主，希望学生向自己看齐。

苏格拉底尝试培养学生提出一系列严谨问题的能力，用新视角和新角度进行思考，揭露偏见和曲解。最重要的是，他想要培养学生审视观点和探求真理的热情。他展示并培养了信赖推理的认知品质，认为追求知识是人类思想的主要功能，在日常生活中当时时探求，孜孜不倦。他认为，任何经不起推敲的观点均应该且必须抛弃。

苏格拉底展现了认知毅力这种品质，将精力和热情投入到探求观点和提问中去，用自己对学习的极大乐趣来感染别人，乐此不疲。他在生活中始终遵循自己秉承的理想，只要自己的观点经得起反复推敲，即使无人赞同，他依然以大无畏的精神坚持。在苏格拉底身上，我们看到了什么是认知正直和认知自主。认知勇气让他在接受审判时平静地面对一群气势汹汹的暴民，冒着可能被判死刑的风险，依然坚持己见。他所坚持的见解严谨缜密，是其一生思索的结晶。

苏格拉底诘问法的系统本质

苏格拉底着意寻找一种严谨诘问的系统方法，供后人效仿。通过研究苏格拉底式对话，我们可以阐明苏格拉底诘问法的组成部分和过程。实际上，若要师法苏格拉底的认知技能和禀赋，必须要尽可能清楚、精确地描述苏格拉底提倡的辩证法。这种方法概述如下：

1. 在问答对谈的过程中进行辩证推理，是最佳的教学法。有了这种学习方法，学生通过多年实践，能够练就细致谨慎、有条不紊地寻找答案的本领。严谨的诘问应该关注一个具体的基本概念或问题，精挑细选出让学生觉得简单易懂的类比。

2. 用正确的思维替代错误的思维要经过两个重要过程——"破"的过程和"立"的过程。在"破"的过程中，以前为学生所珍视的诸多想法现在会被证明不合逻辑或大有问题。换言之，学生最终会认识到自己的推理存在缺陷。而在"立"的过程中教师要鼓励学生以合乎逻辑、合乎情理的思维来代替有缺陷的思维。

3. 教师应该帮助学生揭示思维中的自欺。（这有力地证明了苏格拉底认识到了人类思维自欺的本质——自欺是人类生活中的大难题。）

4. 教师的一个重要目标是帮助学生树立人生信条，这些信条源自对概念的深入理解。

将辩证的过程摆在教学的核心位置

苏格拉底把真正的教育视为一个复杂的过程，需要学生在学习过程中主动参与，态度严谨。在他看来，学生要想掌握重要的观点，必须要全神贯注，理性思考。因此，教师要做的就是培养学生的认知自律和认知技能。他认为，要让学生获得真知，最佳方法并不是告诉学生该如何做、如何想，也不是给他们提供死气沉沉的信息，而是要通过问答迫使学生把心思放在深思某个复杂概念或问题上。

实际上，苏格拉底认为教师无权将自己的观点强加给学生。他认为问答过程是唯一可取的教学法。

虽然他无权也无力将观点强加于人，但是通过步步追问，他可以让别人抛弃谬见，获取真知，正如医家对症下药，让病人味觉大有好转。他常自称"交谈者"或"谈话者"……由此可见他对问答法偏爱有加，用得极多。由此也就不难理解苏格拉底为何视"辩证""问答"为唯一可取的教学法了。（《不列颠百科全书》，1911年第11版，第335页）

苏格拉底的历史贡献

苏格拉底极为重视培养人们的推理能力，认为这极具现实意义。要想活得理智清醒，推理能力必不可少。头脑清醒方能行事理智、决策合理，然而人们的思想却往往缺少理性。苏格拉底不遗余力地帮助人们发现思维方式和生活方式之间的联系。

虽然苏格拉底的几位弟子努力总结由苏格拉底创立的诘问体系，虽然苏格拉底的对话录被广泛阅读，但人们似乎顶多学会了皮毛，而未能领会其精髓，未能以之完善自己的思想和行为。

苏格拉底创立的苏格拉底诘问法提供了一种系统严谨的诘问法。这种方法倘若和批判性思维的概念和原则相结合，便可为我们提供一组丰富多样的认知工具，引导我们理解得越来越深刻。这些工具带领我们揭开自欺这层非理性思维的伪装，让我们认清更多更重要的事实真相。

现在，让我们把目光转向批判性思维。首先我们将给批判性思维下个定义，然后探讨批判性思维和苏格拉底诘问法之间的关系。

批判性思维的概念

"批判性思维"这个概念折射了一种根源于古希腊的观念。critical（批判性）一词的词源是两个希腊词根：*kriticos*（有辨别力的判断）和*kriterion*（标准）。从词源上来说，这个词指的是形成"基于标准的有辨别力的判断"。《韦氏新世界词典》对于这个词的相关解释为"以审慎分析和判断为特点"。同时指出，"最严格意义上的批判性，指的是尝试进行客观判断，以确定优点和不足"。综合考虑以上定义，不妨将批判性思维定义为：

> 以得出有事实根据的看法（评价）为目的，清晰思考，使用合理的评判标准，以求检验某事物的价值或优点。

批判性思维包括三个层面：分析、评价和创造。作为批判性思考者，我们分析思维的目的是为了评价思维，改善思维。

换言之，批判性思维以改善思维为最终目标，系统审视思维。当我们批判性地思考时，会意识到不能只看思维表面，必须要分析并检验其清晰性、准确性、相关性、深刻性、宽广性和逻辑性。我们会认识到，所有推理都在多种视角和多个参照标准中展开，所有推理都源于某些目的和目标，都有信息基础，推理中用到的所有数据都必须得到阐释，而阐释离不开概念，概念又必然涉及假设，同时所有的基本推论都会产生影响。所有这些维度均有可能出现问题，因此每个维度我们都必须审查。

当我们批判性地思考时，我们会意识到，在人类思维的每一个领域，都有可能而且有必要使用思维衡量标准来审视思维要素。通常以批判性眼光进行的诘问需要提出严谨的问题，这些问题包括（但不限于）：

> 那么，最基本的论题是什么？该从何种视角出发来考虑这个问

题？我这样假设能成立吗？根据这些数据，我可以得出什么样的合理推断？这个图表表明了什么？此处的基本概念是什么？这条信息和那条信息一致吗？什么因素导致这个问题如此复杂？如何检验这些数据的准确性？如果真的是这样，它还表明了什么？这个信息来源可信吗？

把这样的理性语言摆在突出的位置，自然就会逐渐熟悉批判性思维的基本"招数"。这些招数可用于深思任何难题（或议题）和类别（或主题）。

学会批判性思维的语言后，我们就可以将之用于构思问题，提出问题。有了批判性思维提供的分析工具和评价工具，我们就可以提升所提问题的质量。

批判性思维给苏格拉底诘问法带来了什么

　　苏格拉底爱质疑不合逻辑、不正确、不合理之事，当是天性使然。他是诘问的行家里手，技巧娴熟。经过多年的练习，诘问业已潜移默化为他性格的一部分。虽然他尝试提出一个诘问体系，但他对这个体系的描述并不完备。在他推崇的诘问过程背后，并没有成熟的理论支撑。换言之，若要分析苏格拉底在其对话录中某处提到的某个具体问题，我们可能会感到自己的诘问过程难以跟上苏格拉底采取的认知推动策略。我们可能会有很多疑问，比如：苏格拉底是如何在某处提出某个特定问题的？是哪些概念或假设促使他提出下一个问题的？他是如何确定诘问的方向的？有个有趣的事实可以佐证这一点：苏格拉底一生桃李满天下，但据说没有几个学生拥有像他那样的诘问能力。

　　此说确有几分可信之处。苏格拉底长于诘问，弟子们却难以望其项背。苏格拉底在讨论中随手拈来的那些妙问，他们学不来。换言之，苏格拉底的诘问技能，即使对他本人来说，也是只可意会而不可言传。

　　相反，批判性思维给我们提供的是明确具体的诘问工具。批判性思维中最基本的概念并无任何神秘之处，这些基本概念可以也应该用于构思和提出问题，应让学生掌握并用于推理。比如，通过批判性思维，我们了解到所有推理都有一个目的。明白了这个道理，学生就可以问些要求对方详细阐释目的的问题，比如"你刚才那样做的目的是什么？这份作业有什么目的？大学的目的是什么？政府的目的是什么？"等。无论什么情况，关注的重点永远是目的。而且，要是识别出了某种情况下的目的，学生就可以迈向思维的下一步——评估目的。

　　于是，批判性思维就成了苏格拉底诘问法的关键，它让苏格拉底对话录中的认知推动策略一目了然。只要对学习苏格拉底诘问法感兴趣，且愿意多加练习，任何人都可以把这些策略学到手。

附　录

附录一：吸纳苏格拉底式对话法的教学模式

　　每位教师都有自己的教学模式，但少有人能清楚地认识到自己的教学暗含着什么模式。对很多教师来说，教学模式无外乎采用以下套路：讲课，讲课，讲课，小测；讲课，讲课，讲课，小测；讲课，讲课，讲课，期中考试。偶尔会有问答，目的也只是复习课上讲的内容和课本上的信息。反思自己的教学，发现自己的教学模式，批判性地总结出这些模式的利弊，试行新的模式以更好地培养学生的批判性思维——做到这些对于教师来说非常重要。一旦教师找到一两种效果极佳的教学模式，便可以之为基础来安排整整一个学期的教学。

　　苏格拉底式对话法和别的卓有成效的教学法结合的方式有很多。在本附录中，我们列举了三个图示，每个图示都包含一个以内容为依托的例子。

图示一

　　以下模式针对一节以"歧视"为主题的课程而设计，主要目的是让学生进行伦理推理。

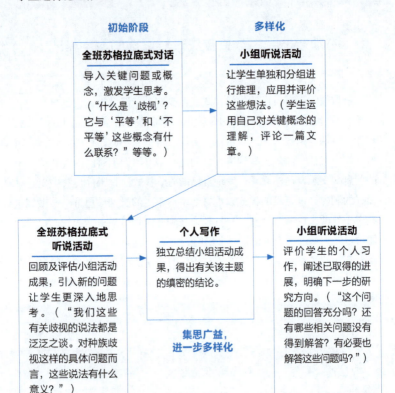

图示二

以下模式针对一节以"内战"为主题的课而设计，主要目的是要学生明白，通过研究历史事件，可以更好地理解这些事件，以史为鉴，从而受益匪浅。

初始阶段

全班苏格拉底式对话

弄清学生对正在讨论的问题的理解程度，要求学生就如何运用实证研究来回答问题给出建议。（"从本质上讲，这是什么问题？我们该向谁求助以确定问题的答案？什么样的证据可以以某种方式证明结论呢？我们该使用什么样的研究计划？"）

研究

小组研究

学生通过合适的手段获取信息，包括实验、阅读和观察等。（在图书馆里，学生以"内战起因"为主题，寻找相互辩难的各派观点。要做到将所有相关的重要观点都呈现在研究之中。）

个人写作

学生单独以文字形式描述研究过程，说明研究发现。这样可以让学生阐明自己的理解，激励他们用心思考。

大组苏格拉底式对话

像苏格拉底那样，评估研究的优缺点。（讨论本组以"内战起因"为主题的研究已取得的成果，还有哪些领域尚待进一步研究。）

分析

博采众长

图示三

以下模式针对一节以"思辨性阅读"为主题的课程而设计，主要目的是帮助学生通过实践习得思辨性阅读技能。

初始阶段　　　　　　　　　　　　　示范

全班苏格拉底式对话

导入教学内容：哪些概念可以让教学内容易于理解。（"思辨性阅读的目的是……"）

全班倾听（观摩）

示范阅读和学习，目的是帮助学生学会阅读和学习。（"好，现在我要示范如何进行思辨性阅读。我会讲得很慢，我会解释为什么我提出的问题和见解是思辨性阅读的一部分。如果你想知道我为什么做某事，一定要问出来。"）

个人或小组练习

给学生提供一些精心安排的练习思辨性阅读的机会。（学生以小组为单位，大声读给别人听，以此练习思辨性阅读。学生个人利用阅读的间隙做笔记。）

上手实践

附录二： 苏格拉底式对话文本分析
（对话选自柏拉图的《欧绪弗洛篇》）

　　下文节选自柏拉图的《欧绪弗洛篇》，是苏格拉底和欧绪弗洛的对话。苏格拉底在对话中问欧绪弗洛什么是"虔敬"（同时间接诘问什么是"不虔敬"）。通过这篇选文，我们可以了解苏格拉底在诘问他人时采用的基本方法。多数苏格拉底式对话围绕一个既抽象又深奥的概念展开。苏格拉底假装自己不懂得这个概念，希望正在被他诘问的人能帮助他清楚地、准确地理解这个概念。

　　这番对话是在法庭外进行的。苏格拉底即将出庭受审，他在法庭外遇到了欧绪弗洛。"欧绪弗洛是一位预言家和宗教专家，他告诉苏格拉底他要控告他的父亲犯了杀人罪。苏格拉底听后很震惊，便询问欧绪弗洛这样做是否不虔敬，结果两人就虔敬的真实本质进行了一番对话。欧绪弗洛并不是雅典道统的卫道士，相反，他很同情苏格拉底。他是个有主见的专家，极为自负，相信自己没有错，因此他是苏格拉底进行根治疗法的极佳对象。所谓根治疗法，其目的是让对方清除心中的错误假设，诚意接受真知——虽然这场辩论转了个圈子又回到了起点，但它为解决问题提供了思路。"

　　我们想要大家认识到，在苏格拉底进行的任一对话中，他是如何引领讨论的。要准确理解苏格拉底在每个阶段采取了什么认知推动策略，以便我们效仿，最好的办法是用批判性思维的语言来标示这些策略。通读本篇对话，留心我们用括号和专色的形式添加的相关注释。我们选取了原对话中两人简短交谈后的部分，保留了原对话的大部分内容。

欧绪弗洛（下文简称"欧"）：死者是我的一名雇工，这个可怜的人在我
　　　　家纳克索斯的农场里干活。有一天，他喝醉了酒，与我们家的一个
　　　　家奴起了口角，一怒之下杀了这个家奴。我父亲绑了他的手脚，将
　　　　他扔进了沟渠，然后派人去雅典问占卜者该如何处置这个凶手。在

此期间我父亲觉得此人是个杀人犯，根本就没想过要照管他，认为即使他死在沟渠里，也没什么大不了的。结果真的出了事。此人饥寒交迫，手脚也动弹不得，结果还未等信使从占卜者那儿回来，他就一命呜呼了。我站在凶手这一边，起诉我的父亲，这让我父亲和家人大为愤怒。他们认为人不是我父亲杀的，哪怕是我父亲杀的，死者是个杀人犯，杀了他也没什么大不了。他们认为我不该管这件事，因为子告父是不敬之举。苏格拉底，这不正说明他们根本不了解诸神对虔敬和不虔敬的看法吗？

苏格拉底（下文简称"苏"）：那么什么是"虔敬"，什么是"不虔敬"？

（苏格拉底请欧绪弗洛讲清楚这两个概念之间的根本区别，这是概念分析起始阶段的重要一步。）

欧：虔敬就是像我现在做的这样。也就是说，无论是谁，不管是你的父母或其他什么人，只要犯了谋杀、渎圣或类似的罪行，我们就要起诉他，不起诉就是不虔敬。苏格拉底，我将提供一个明证来说明我所说的是真理，这个明证我也和其他人说过，那就是不能让不虔敬的人逍遥法外，这条原则不可违背。人类不是把宙斯看作是诸神中最杰出、最公正的神吗？可是他们也承认，宙斯之所以把他的父亲克洛诺斯绑起来，是因为他父亲把自己的儿子吞进了肚子里，罪大恶极，而克洛诺斯也是出于相同的理由残忍地阉割了自己的父亲乌拉诺斯。可是现在我控告自己的父亲，他们却对我大发脾气。说到诸神，道理讲得一套一套的，轮到我却全变了。他们的说法真是自相矛盾。

苏：欧绪弗洛，这不正是我被指控不虔敬的原因吗？他们认为我对这些有关诸神的传说嗤之以鼻。我认为人们误解了我。可连你这样极为熟悉诸神的人也赞同诸神的这种行为，我也只得赞同你比我更有智慧。既然我承认自己对这些传说一无所知，还有什么好说的呢？我希望你能告诉我你是否真的相信这些传说是真的。

（苏格拉底在此段中宣称欧绪弗洛应该把他有关诸神的知识讲给自己听，因为欧绪弗洛自诩对诸神极为了解。苏格拉底提到了针对自己的控告——有人控告他另奉新神，不信城邦敬奉的神。苏格拉底在此处展现了认知谦逊，同时也暗示了欧绪弗洛的自负，因为欧绪弗洛自以为了解诸神的信仰。）

欧：是啊，苏格拉底，还有更精彩的呢。可惜世人对此一无所知。

苏：按照诗人的叙述以及伟大艺术家创作的作品的描绘，诸神争强斗狠，穷争恶吵，党同伐异。欧绪弗洛，你真的相信这些吗？庙宇里满是诸神，所有这些关于他们的传说是真的吗？

（苏格拉底引导欧绪弗洛思考这些听来的有关诸神的故事是否符合逻辑。）

欧：当然是真的，苏格拉底。正如我刚才说过的那样，只要你想听，我还可以给你讲很多其他有关诸神的故事，有很多，肯定会让你惊叹不已。

苏：也许吧，等我下次有空的时候你再讲给我听吧。可是我刚才问你什么是"虔敬"，你还没有回答我。因此，现在我想让你给我一个更精确的答案。你只是说虔敬就是像你所做的那样，也就是起诉你的父亲犯了杀人罪？

（请注意，苏格拉底在这番话中使用了两个认知标准：他想得到一个"更精确的答案"，如此一来，他让对话回归正题，即与主题紧密相关。他指出，个例算不得定义，如果要下定义，只给个例子并没有完成认知任务。）

欧：我觉得虔敬就是这样，苏格拉底。

苏：也许吧，欧绪弗洛。可还有很多别的虔敬行为呢。

欧：当然有。

苏：别忘了，我刚才并不是要请你给出两三个虔敬的例子，而是要你解释让一切虔敬之举成其为虔敬的基本标准是什么。难道你忘了有一个标准可以使不虔敬的事物成其为不虔敬，让虔敬的事物成其为虔敬？

（此处苏格拉底再次恳请欧绪弗洛给虔敬下定义，以确定欧绪弗洛的定义是否合理。他希望欧绪弗洛继续给虔敬下定义，不要转移话题。）

欧：我没忘。

苏：告诉我这个标准是什么，这样我就可以拥有一种可信赖的依据，以此来衡量你或其他人行为的本质，从而断定某种行为是否虔敬。

（苏格拉底暗示他一旦拥有一个明确无误的有关虔敬的定义，他就能依据这个定义来判断某事是否虔敬。他将这个定义称为可资判定的标准。）

欧：既然你想听，我就告诉你吧。

苏：愿闻其详。

欧：虔敬，就是令诸神愉悦的；不虔敬，就是不能令诸神愉悦的。

苏：那么让我们回顾一下刚才的话。令诸神愉悦的事物或人是虔敬的，令诸神讨厌的事物或人就是不虔敬的，是这样吧？而且，我们也承认诸神之间相互仇视、憎恨、不认同，对吧？

（苏格拉底提醒欧绪弗洛，诸神有时意见不合，相互争斗，从而指出了欧绪弗洛给虔敬所下的定义的致命缺陷。如果诸神对何为虔敬看法始终一致，他们也就不会再相互争斗了。）

欧：没错，是这个意思。

苏：什么样的分歧会引发仇恨和愤怒？比如，你我二人本是好友，我们对某个数目看法不一致，这种差异会让我们成为对头，彼此不和吗？我们是不是应该马上算一下，得出个数，从而结束分歧？

欧：没错。

苏：要是咱们对长短看法不一致，量一下不就能快速解决分歧了吗？

欧：说得对。

苏：要是对轻重看法不一致，拿秤来称一称不就能结束争议吗？

欧：确实如此。

苏：可什么样的分歧会无法消除，且会让我们为之愤怒，彼此交恶呢？我觉得你一时也想不出来，因此我先说一说我的看法。我认为当分歧涉及公平与不义、善良与邪恶、光荣与可耻这些概念时，我们才会为之愤怒，彼此交恶。如果是在这些方面产生分歧，可又没有令人满意的解决办法，那就只有争吵这一条路了。你和我，还有其他人，不都有过这样的经历吗？

（此处苏格拉底想尽力让欧绪弗洛明白，易引起争论的是深奥而复杂的问题，不能轻易得到解决。人们尤其喜欢争论伦理是非问题。）

欧：是的，苏格拉底，这就是让我们为之争吵的分歧的本质。

苏：**诸神之间的争吵性质是否相同？**

欧：是的。

苏：**如你所言，他们对善良与邪恶、公平与不义、光荣与耻辱等概念意见不一。以前要是没有这些分歧，诸神自然也就不必争吵。现在也是如此吧？**

欧：你说得很对。

苏：**每个人不都爱那些他认为高贵、公正、善良的，憎恨那些他认为不高贵、不公正、不善良的？**

欧：是的，确实如此。

苏：**那么对于同一件事，有的神爱，有的神恨，难道对诸神来说此事既讨人喜欢又招人憎恨？**

（苏格拉底又一次陈述了这样一个概念：某件事有的神喜欢，有的神憎恨，不能一口断定诸神所喜欢的就是虔敬的——因为诸神各有所好，各有所恶，差异很大，时常截然相反。他是想指出，这个关于虔敬的定义不完善，因为它自相矛盾。）

欧：确实。

苏：**那么按照这种观点，欧绪弗洛，同样的事既是虔敬的，又是不虔敬的？**

欧：我认为是这样。

苏：**那么，我的朋友，我想说，让我惊奇的是你还没有回答我问的问题。我肯定没问什么事既是虔敬的又是不虔敬的，也没问哪些事既被诸神喜欢又被诸神憎恶。因此，欧绪弗洛，你控告自己父亲的行为，可能宙斯喜欢，克洛诺斯或乌拉诺斯却不喜欢，赫菲斯托斯认可，赫拉却并不认可，别的神可能也有这样的分歧。**

欧：可是我认为，苏格拉底，诸神都同意杀人者应受惩罚，在这条规矩上没有什么意见分歧。

苏：说到人类，欧绪弗洛，你有没有听说过，有人主张应该无罪释放杀人犯或其他作恶者？

欧：应该说我总是听到有人这样叫嚣，特别是在法庭。他们作恶多端，然而为了逃避惩罚，他们什么都敢说，什么都敢做。

苏：他们会不会承认自己有罪，同时却说自己不该受到惩罚？

欧：不，他们不会这样的。

苏：那么总有些话他们不敢说，总有些事他们不敢做，因为他们不敢贸然主张有罪的人如果不承认自己的罪行，就可以免受惩罚，对吧？

（此处，苏格拉底想要表达的观点是：说到犯了谋杀或相似恶行该如何受罚，人们往往没有异议。然而，他们争论的是自己在某件事中是否有过失。换言之，苏格拉底想让欧绪弗洛明白，众人对于"恶"这一概念的本质属性并无异议，只不过具体情况不同，运用这一概念的具体方式也不同。）

欧：是的。

苏：诸神也是如此。如你所言，诸神就何为正义、何为不义这个问题争论不休，有的神说他们误解了对方的意思，有的神认为并非如此，但是无论神还是人都不敢说作恶之徒可以不受惩罚，是这样吧？

欧：大体上是对的，苏格拉底。

苏：可是他们在细节上大做文章，人类如此，诸神也是如此。一旦争吵起来，都是拿具体的某个行为说事，有的人或神坚称此行为是正义的，有的人或神坚称此行为是非正义的。是不是这样？

（苏格拉底想要再次说明，虽然人神都可能就具体事例进行争论，但他们从不争论某个概念的本质。他想要欧绪弗洛说明虔敬以及不虔敬的本质。）

欧：很对。

苏：那么，一个仆人犯了杀人罪，死者的主人将他五花大绑，接着派人去询问占卜者该如何处置此人，结果未等信使归来，此人一命呜呼。我亲爱的朋友欧绪弗洛，你有何证据证明诸神一致认为他死得冤屈？说个明白，好让我得些教益，长点学问。你要是能说明白，我会毕生佩服你的智慧。

（苏格拉底想让欧绪弗洛明白，既然诸神对何为义举、何为邪恶意见不一，那么他们对这一个案的看法也不会一致，因此以"诸神一致赞同"为标准来判定何为虔敬并不可取。）

欧：虽然不易说明白，但我能给你解释得一清二楚。

苏：我明白。你是说我理解得没有法官那么快，因为到了法官那儿，你肯定可以证明你父亲的行为是不公正的，是被诸神所厌恶的。

欧：是的，确实如此，苏格拉底。至少他们会耐心倾听我说的话。

苏：只有你讲得清楚，他们才会耐心倾听。在你刚才说话的时候，我心里闪过一个念头，我突然想：要是欧绪弗洛确能证明诸神赞同仆人死得冤屈呢？怎样才能对虔敬和不虔敬的本质多些了解呢？即使诸神一致憎恨你父亲的行为，对虔敬和不虔敬的定义并无影响。因此，欧绪弗洛，我也不让你证明给我听了。这样好了，我姑且假定诸神全都憎恨你父亲的行为，可我要把定义修改为：凡是诸神一致憎恨的就是不虔敬的，凡是诸神一致喜爱的就是虔敬的或神圣的，凡是有的神喜爱有的神却憎恨的，要么是既虔敬又不虔敬的，要么是两者都不是。我们这样定义虔敬和不虔敬，可好？

（苏格拉底想要再次确定虔敬的定义，以求得到一个清晰的概念。）

欧：为什么不呢，苏格拉底？

苏：为什么不！的确，我也认为理应如此。既然你也承认这个定义准确，接下来就看你是否能做到遵守诺言，教导教导我了。

欧：是的。我确实认为，诸神都喜爱的就是虔敬和神圣的，反之，诸神都痛恨的，就是不虔敬的。

苏：欧绪弗洛，我们是该考察一下这种说法到底是对是错呢，还是仅仅因为自己是权威或者他人是权威就不假思索地接受？

欧：那当然要考察一下，不过我觉得我的说法经得起检验。

苏：那么，我的好朋友，一会儿就能见分晓了。首先我想要弄明白的是：虔敬或神圣的事之所以受到诸神喜爱是因为它是虔敬的吗？还是因为诸神喜爱它，所以它才是神圣的？

（苏格拉底在此处迈出了推动概念发展的重要一步。整个对话中，他在这个概念上多次迂回往复，打了好几个比方来说明，有些类比本文省略掉了。苏格拉底强调，不能仅仅因为诸神都相信某事属实就判定某事属实。相反，有很多事情本身就是神圣而虔敬的，其性质不以诸神的看法为转移。换言之，不能因为诸神一致同意就断定某事是神圣的。即使诸神一致认为某事是不虔敬的，他们的看法对事物虔敬与否毫无影响。需要注意的是，提出这一观点，苏格拉底其实是在伦理与神学之间划出了界限。有意思的是，多数情况下，他的学生，包括柏拉图，却未能作出这一划分，反而认为伦理和宗教属于同一领域。）

欧：我不明白你的意思，苏格拉底。

苏：那我好好给你解释一下。我们讲携带者与被携带者，引导者与被引导者，观察者与被观察者，我觉得你应该明白他们之间的根本差异。

欧：我认为我明白。

苏：被爱者与施爱者有区别吧？

欧：那当然。

苏：现在告诉我，之所以有被携带者，是因为有携带者，还是由于别的原因？

欧：就是因为这个原因，没别的。

苏：欧绪弗洛，你对虔敬怎么看？根据你的定义，虔敬的事物不是受到所有诸神的一致喜爱吗？

欧：是的。

苏：诸神都喜爱这个虔敬的事物，是因为这个事物是虔敬的，还是由于别的原因？

欧：就是这个原因，没别的。

苏：正因为该事物是虔敬的，所以它才被诸神喜爱，而不是因为它被诸神喜爱，所以才是虔敬的。

欧：是的。

苏：而某事物为诸神所爱正是因为它是令诸神喜爱的，是吗？

欧：是的。

苏：那么欧绪弗洛，按照你的说法，诸神喜爱的东西与虔敬的东西不是一回事，虔敬的东西与诸神喜爱的东西也不是一回事，它们是两种不同的事物。

欧：这是什么意思，苏格拉底？

苏：我的意思是说我们已达成共识，虔敬的事物得到诸神的喜爱，是因为它是虔敬的，而不是因为它得到喜爱才是虔敬的。

欧：是啊。

苏：但是让诸神喜爱的事物之所以得到诸神的喜爱，是因为诸神喜爱它，而不是因为它本身具有令诸神喜爱的本质，它才受到诸神的喜爱。

（苏格拉底再次迈出了推动概念发展的重要一步。他认为，不能因为某事物得到诸神的喜爱就说它是虔敬的。相反，该事物之所以是虔敬的，正是因为它具有真实的虔敬的本质，这一本质不受诸神或其他任何人看法的影响。）

欧：说得对。

苏：可是我的朋友欧绪弗洛，假定虔敬的事物和诸神喜爱的事物是同一个东西，虔敬的事物得到喜爱是因为它本质上是虔敬的，那么可以推断，使诸神喜爱的事物，之所以受到诸神的喜爱，是因为它本质上是令诸神喜爱的。如果使诸神喜爱的事物之所以得到诸神的喜爱，是因为诸神喜爱它，那么可以推断虔敬的事物之所以是虔敬的，是因为诸神喜爱它。可是，这种说法和我们前面达成的共识正好相反。因此，诸神喜爱的事物和虔敬的事物是绝对不同的，因为一个事物（诸神喜爱的事物）被诸神喜爱才成为一种被诸神喜爱的事物，而另一个事物（虔敬的事物）被诸神喜爱则是因为它具有令人喜爱的性质。欧绪弗洛，我觉得，我问的是虔敬的本质，你告诉我的却只是虔敬的一个性质，即它是所有神都喜爱的，可这只是一个性质，并不是本质，你并没有解释虔敬的本质。因此，我恳请你不要深藏不露了，能不能再次告诉我，虔敬到底是什么？何为不虔敬？我们无需再争论虔敬的事物是否是诸神喜爱的。

［借用文中的一句话来总结苏格拉底在此处阐述的要点："一个事物（诸神喜爱的事物）被诸神喜爱才成为一种被诸神喜爱的事物，而另一个事物（虔敬的事物）被诸神喜爱则是因为它具有令人喜爱的性质。"苏格拉底此语点出了伦理学的核心所在，可谓大道至简——在伦理学的研究中，不能因为某事得到了群神或众人的喜爱，就断言喜爱此事就是好的。相反，是否喜爱某事，应看此事的本质，不应考虑此事是否受到什么人的喜爱。］

欧：苏格拉底，我真的不知道该怎么表达我的想法。我们的观点，无论从哪个角度出发，不知怎的似乎总是偏离原点。

苏：不能开这样的玩笑。这些观点是你提出来的，要是它们漂移不定，那也是你造成的。

欧：不，苏格拉底，我还是认为你才是那个让观点漂移不定的人，我可没有让观点变动或打转转。于我而言，我的观点从未变过。

（欧绪弗洛暴露出他在认知上的不思进取。他说："于我而言，我的观点从未变过。"换言之，他并不重视在理性深思上下功夫，而理性深思对成长为思想家是必不可少的。他也不打算深思虔敬不虔敬之类的概念。这种说法也间接侮辱了苏格拉底，因为他指责苏格拉底使观点"偏离原点"。这样一来，他无需将苏格拉底的话放在心上。他暗示苏格拉底有些小题大做。）

苏：我看你无精打采的，那我尽力示范给你看看如何能教我认识虔敬的本质。希望你能不辞辛苦，不吝赐教。你能不能告诉我，凡是虔敬的必是公正的吗？

欧：对。

苏：那么，凡是公正的必是虔敬的吗？或者，能否说凡是虔敬的都是公正的，而公正的并非都是虔敬的，只有一部分公正的才是虔敬的？

欧：我听不懂，苏格拉底。

苏：我提的问题是这样的。我想问你，公正的必是虔敬的吗？如果不总是虔敬的，是否就不是公正的了呢？因为公正是一个比虔敬更大的概念，虔敬只是公正的一部分。你赞同吗？

（苏格拉底简短回答了他刚才一直在问的问题——他认为，凡是虔敬的必是公正的，而公正的概念比虔敬大得多。换言之，虔敬的事物只是公正事物的一个子集，他从概念上区分了"公正"和"虔敬"。）

欧：是的，我认为这种说法正确。

苏：我想让你告诉我，公正中的哪一部分是虔敬的，这样我就能告诉美勒托不要冤枉我，放弃以不虔敬的罪名起诉我。

（苏格拉底想确定到底公正的哪一部分才是虔敬的，因为他已被人以不虔敬的罪名起诉。）

欧：苏格拉底，于我而言，虔敬即公正中那些照料诸神的部分，公正中的其余部分照料的是人。

苏："照料"是什么意思？用在诸神身上的照料应该和用在别的事物上的照料不同。比如，马匹需要照料，可是并非谁都可以照料马匹，只有擅长牧马的人才可以，对吗？

（苏格拉底指出，欧绪弗洛所说的"照料"的意思过于含糊，有歧义，因此要求澄清。）

欧：很对。

苏：照料当然总是以被照料者的福祉为目的，对吧？就说马吧，你会看到，有了牧马人的照料技艺，马得到益处，变得比以前更好了，对吧？

欧：对。

苏：猎犬受益于猎人的技艺，牛受益于牧牛人的技艺。照料是为了被照料者好，不是为了伤害被照料者，对吗？

欧：当然不是为了伤害被照料者。

苏：是为了被照料者好吧？

欧：当然。

苏：那么虔敬，既然被定义为照料诸神的技艺，那么肯定是为了让诸神受益，让他们变得更好了？你会说，当你做了一件虔敬的事，你就使某个神变得更好了？

（苏格拉底指出，"照料"的常见含义是让照料对象变得更好。既然欧绪弗洛用了这个词，就是在暗示人需要照料诸神，照料诸神是为了让他们变得更好。这也是苏格拉底迈出的推动基本概念发展的一步，由此我们可以看出严谨措辞的重要性。）

欧：不，不，我绝对不是这个意思。

苏：欧绪弗洛，我也觉得你绝对不是这个意思，根本不是这样，因此，我才问你照料诸神到底是何意思，我就觉得这不是你的本意——不过我还要问你一个问题：虔敬是对诸神什么样的照料呢？

欧：苏格拉底，就像奴隶侍奉主人那样。

苏：我明白了——是对诸神的侍奉。

欧：就是这个意思。

苏：告诉我——诸神在我们的侍奉下会做哪些好事？

欧：他们做的好事可多了，苏格拉底。

苏：在诸神做的这众多好事之中，哪个是最主要的？

欧：我已经告诉过你了呀，苏格拉底。简单说吧，虔敬就是以言行取悦诸神，方法是祈祷和献祭，这就是虔敬的，可以保家国平安，而不虔敬的行为是诸神不喜欢的，会导致家国毁灭。

苏：欧绪弗洛，我觉得你要是愿意，本可以更高明、扼要地回答我刚才的主要问题。看来你是真的不愿赐教于我：我们刚说到正题上，你怎么又避而不谈了？要是你刚才回答了我的问题，我现在可能已从你那儿了解到了虔敬的本质。问问题的必须得跟着回答问题的走，唯回答者是瞻。那我再问一次，何为虔敬，何为不虔敬？你是说它们是一门研究献祭和祈祷的学问吗？

（苏格拉底回到了他刚开始提出的问题：何为虔敬？顺着欧绪弗洛的论述，苏格拉底问欧绪弗洛虔敬是否是"一门研究献祭和祈祷的学问"，想要以此来确定欧绪弗洛心中虔敬的概念。）

欧：是的，我就是这个意思。

苏：献祭是向诸神奉献，而祈祷是向诸神索取，对吗？

欧：是的，苏格拉底。

苏：以此推论，虔敬是研究奉献和索取的学问。

欧：你完全理解了我的意思，苏格拉底。

苏：是的，我的朋友。我仰慕你的学问，用心聆听，因此对你说的话绝对没有充耳不闻。请告诉我，这种对诸神的侍奉本质上是什么行为？你是说我们喜欢向诸神索取，喜欢向诸神献礼吗？

欧：是的。

苏：索取的正确方式就是向诸神索取我们需要的东西吗？

欧：那当然。

苏：正确的奉献就是送给神那些他们想从我们这儿得到的东西。把别人不想要的东西送给他，这样的学问毫无意义。

欧：很对，苏格拉底。

苏：那么，欧绪弗洛，虔敬是不是一门诸神与凡人之间相互交易的学问？

欧：你要是愿意这么说，也没什么不可以。

苏：我平生所好，唯有真理。请告诉我，诸神从我们奉献的礼物中能得到什么益处？诸神赐予我们的种种好处显而易见，可是，我们凡人能回报给诸神的好处可就没那么明显了。这桩交易，我们可是大大地占了诸神的便宜。

（苏格拉底诘问如何奉献礼物给诸神，从而暗示这一想法本身就是不合逻辑的。）

欧：苏格拉底，难道你真的认为诸神从我们凡人身上一无所获吗？

（欧绪弗洛想要改变讨论的方向，他反问了苏格拉底一个问题，想要逃避苏格拉底的问题，但请注意，在下一段中，苏格拉底重复了一遍欧绪弗洛的问题，要他拿出证据来支持他的结论。）

苏：如果不是这样，欧绪弗洛，我们奉献给诸神的是什么样的礼物呢？

欧：我们奉献给诸神的是荣耀，如我刚才所言，是令诸神喜悦的东西。

苏：那么，虔敬的东西是令诸神喜悦的东西，不是对他们有益的东西，也不是他们喜爱的东西？

（苏格拉底指出欧绪弗洛作出了一个不合逻辑的推论——有的东西可以令诸神喜悦，却不能令诸神喜爱。他想要欧绪弗洛认识到"令人喜悦"和"令人喜爱"意思相近。）

欧：我认为没有比虔敬更令诸神喜爱的了。

苏：你又重复了一遍自己的观点：虔敬就是令诸神喜爱的东西。

欧：毫无疑问。

苏：想想你说的话，你不感到诧异吗？你说话不牢靠，闪烁其词……你也看到了，我们的论辩转了一圈又回到了原点。你还记得我们说过虔敬的和令神喜爱的不是一回事吧，没忘吧？

欧：没忘。

苏：但是现在你说诸神所爱的就是虔敬的，那就是说诸神所爱的和令诸神喜爱的是一回事？

欧：对。

苏：那么要么前面的结论是错的，要么前面的结论是对的，而现在的结论是错的。

欧：我觉得真的是这样。

苏：那我们只好再重新开始问一遍：什么是虔敬？我愿毕生孜孜不倦地寻找这个问题的答案。恳请你不要嫌弃我，把你的聪明才智发挥到极致，告诉我这个真理。如果真有人知道这个真理，那非你莫属。因此我要缠着你直到你告诉我这个真理。倘若你不是真的了解虔敬和不虔敬的本质，我确信你决不会为了一名雇工去控告你年迈的父亲犯了杀人罪，你肯定不会冒着在诸神面前犯错的风险，你肯定会极为尊重人们的议论。因此，我觉得你肯定了解虔敬和不虔敬的本质。亲爱的欧绪弗洛，不吝赐教吧，别隐瞒你的高见。

［苏格拉底似乎在对话中再次要求欧绪弗洛克服困难坚持下去，更深刻、更投入地思考他自己宣称的观点，从而发现自己所说的话中自

相矛盾之处。根据这个对话我们可以推断，苏格拉底在讨论中一直在不停地追求真理。他善于发现概念中的自相矛盾之处，原因很可能在于他经常练习批判性思维。当他发现别人并不像他那样热衷于追求真理时，他感到疑惑不解。通读对话，我们发现无论是欧绪弗洛还是苏格拉底都没能为虔敬的定义画上一个完整的句号。然而通过对话：

1. 苏格拉底要么想让欧绪弗洛认识到自己清楚地知道什么事物可以取悦诸神，由此他能够最终断定自己控告父亲的行为是否正当（换言之，做令诸神喜悦之事）；

2. 苏格拉底要么想让欧绪弗洛认识到自己不清楚什么东西可以取悦诸神，因此，控告自己的父亲的行为不正当。这样一来，苏格拉底似乎表明这样一个观点：在不确定自己的行为是否合乎伦理的情况下，不该贸然行动。]

欧：下次吧，苏格拉底，我有点急事，先走了。

苏：唉！我的朋友，你就这样让我陷入绝望，我满心指望你能就虔敬和不虔敬的本质教导我一番，好让我摆脱美勒托和他对我的控告。我本可以向美勒托证明欧绪弗洛已让我洗心革面，好好做人，不再出于无知而妄加猜测，另立新神。

附录三：苏格拉底其人其事（续）[5]

本部分我们简述苏格拉底对批判性思维的贡献，可将之看作第五部分中"苏格拉底其人其事"的续篇。

苏格拉底强调要过有道德的生活

我们尊崇苏格拉底，因为他有认知勇气，为人正直，不仅要求自己活得堂堂正正，还孜孜不倦地教导他人坚守伦理道德。苏格拉底清楚地认识到，认知发展和认知毅力是伦理推理的必要条件。从下面的描述中我们可以看出，苏格拉底认为，人们之所以行为不端，正是因为缺乏认知技能——推理中出现的错误是不道德行为的根本原因。

苏格拉底的认知天赋和他的美德一样引人注目。苏格拉底天生观察力敏锐，心思缜密，这些品质的形成是日复一日有计划运用的结果。于他而言，脑力的锻炼不是闲来无事消遣时光，而是必须始终承担的神圣责任；其原因就在于，伦理错误其实是以行为方式体现出来的认知错误。生活中道德高尚的人首先必须要摒弃无知和愚蠢。苏格拉底仔细研究了自己和他人遇到的伦理问题，这让他在遇到现实生活中的伦理问题时，能够轻松应对。苏格拉底毕生都在和"思想不清、言语不明"现象作斗争，因此，他在推理时反应极快，往往能一下子抓住关键。（第 332 页）

对伦理概念和原则的关注是苏格拉底思想和行为的核心。苏格拉底认为，最紧要的是让人们认识到要活得高尚，必须培养认知能力。只有思想正确，生活才不会误入歧途。换言之，要想活得堂堂正正，只有愿望是不够的——仅有好的用意是不够的。相反，因为伦理问题往往很复

---

5 除非另有说明，本附录中所有的引文均来自《不列颠百科全书》（1911 年，第 11 版）。所有蓝色文本均为参考材料。

杂，因此要想琢磨透此类问题，必须要娴熟运用认知技能。

苏格拉底认识到伦理概念对伦理推理很重要，因此，他将对伦理概念的界定置于其辩证法的核心位置。在苏格拉底对话录中，我们常常可以发现他极为重视给伦理概念下定义，并将这些概念同实例和类比联系起来。

苏格拉底也许是有意为后世的伦理学奠定基础。他将许许多多的伦理观念和原则融会贯通，解释得清清楚楚，而这些概念和原则正是伦理推理赖以进行的主要基础。通过努力，苏格拉底将认知自律和认知自主在伦理推理中发挥的重要作用解释得很清楚。他强调这样一个事实：没有人能代替他人思考，每个人都必须培养思辨技能，并将其用于深思很多复杂的人生难题和问题。

注重基本概念和问题

在苏格拉底对话录中，我们可以发现：通过探索问题，苏格拉底尝试想通（也帮助别人想通）如何能活得理智清醒、堂堂正正。为此，他经常抓住某个具体的伦理概念不放，力图做到离概念的本质越来越近。色诺芬在其著作[6]中描述了苏格拉底使用的这种方法：

> （苏格拉底）时常谈些有关人类的问题——探究何为虔敬，何为不虔敬，何为高贵，何为卑鄙，何为正义，何为不公，何为克制，何为疯狂，何为勇敢，何为怯懦，何为城郭，何为政治家，何为使民之术，何为善牧民者，诸如此类，不一而足。了解这些可使人身具绅士风度（高尚、正派），不懂这些则让人如奴隶般卑贱低下。
> （第4-5页）

苏格拉底诘问法的两大过程

让我们简单了解一下苏格拉底诘问法必不可少的两大过程，即"破"的过程和"立"的过程（见《不列颠百科全书》）：

6　本篇引文选自色诺芬所著的《回忆苏格拉底》（纽约伊萨卡：康奈尔大学出版社，1994年）。

运用"辩证"法时，很容易识别出两大过程——"破"的过程中去除谬见，"立"的过程中形成更好的见解。

虽然苏格拉底认为"如有可能"，进入"立"的过程并完成整个过程非常重要，但他也认为"破"的过程本身同样很有用：

在柏拉图所著的一篇苏格拉底对话录中，梅诺说："在我见到你之前，有人告诉我你把大量时间花在质疑和让别人心生疑惑上。看来，你的巫术和符咒已经让我陷入这般境地。你就像麻醉剂，只要碰上你，准叫人感到麻木。现在我的灵魂和口舌都已麻木，因此我没有什么答案说给你听。"像他这样的回答者经常在"破"的过程中感到困窘反感，此刻他被苏格拉底的诘问吓跑了。即便如此，在苏格拉底看来，这位回答者也有所收获：在对谈之前，他无知却自以为知，在对谈之后，虽仍是无知，却隐约已自觉无知，因此日后行事当会更为慎重。（第 335 页）

不过，苏格拉底坚信"立"的过程对认知发展至关重要：

在辩证法的两个过程中，"破"的过程更加引人注意，一是因为新奇，二是不管是心甘情愿，还是心有不甘，多数人往往在"心生疑惑"阶段止步不前。但对苏格拉底和他的同道中人来说，由"心生疑惑"而至"立"，这是水到渠成的必然结果。（第 336 页）

揭露无意识思考

在苏格拉底诘问法的"破"的过程中，发现不理智的想法是重要的一环。苏格拉底认为人类思想存在自欺倾向。在他看来，人们之所以行为不理智、不道德，原因在于他们使用了错误的推理，这些推理表面看起来合情合理，实则充满缺陷。因此，他认识到人必须将无意识的想法提升到自觉意识的层次，以便能审视这些无意识思考。这一点在《不列颠百科全书》中有更为具体的描述：

> 总的说来，苏格拉底不仅要应对"无知"，还要应对"无知却自以为知"或"自命不凡"，此二者可谓难以对付的顽敌，其战壕固若金汤，实难攻破，须诱敌出营，避其锋芒，出其不意而攻之。因此，苏格拉底往往先提出某个毫不相干的观念或某个对方肯定会欣然赞同的见解。然后由此观念或见解出发，推导出一个出人意料却又无可辩驳的论断。这个论断明显和对方的观点相矛盾，对方的观点自然就站不住脚了。苏格拉底以这种方式让对方主动审视自己的观点，将其逼入了"心生怀疑"或"心生疑惑"的境地。（第 335 页）

构思生活的基本原则

现在让我们看看"立"的过程。接下来这一段重点讲述的是如何通过使用类比来帮助回答者构思基本原则，以便以后能在实践中加以运用。

> 如果对方已然认识到了自己的无知，并没有退缩，而是愿意努力求新知，苏格拉底非常乐意帮助对方，他会继续提问来启发对方。想法不自相矛盾，行动才能始终如一，而让想法不自相矛盾正是诘问的目的所在。苏格拉底会拿手头的事例打比方，将对方的注意力引到他打的比方上。他会引导对方尽量将当时的激情和偏见排除在外，自行作出合理的归纳。在这一"立"的过程中，虽然没了"出其不意"，但却刻意保留了诘问这一形式，原因在于诘问可以步步为营，让学习者心悦诚服。（第 335–336 页）

下文阐述了苏格拉底对话录的内在体系：

> 那么，苏格拉底想让他的听众得出什么样的积极结论呢？该如何得出这些积极结论呢？答案可以在色诺芬那儿找到。我们注意到：一、色诺芬记录下的谈话关注的是政治、伦理、艺术方面的实

际行为；二、总体而言，不管是明说还是暗指，通过进行归纳，有一个从已知到未知的过程；三、归纳出的有时是行为准则（通过检验已知事例来进行辩解），有时是以相似的方式下的定义。（第336页）

苏格拉底的影响

苏格拉底的观点在思想史上是独一无二的。苏格拉底的方法是一种追求个人正直和认知正直的实用手段，其重大意义至今仍未得到深刻的认识。随着批判性思维在日常教学中得到实际应用，这个话题重新引起人们的兴趣，人们又开始重视起苏格拉底的方法来。或许有一天，苏格拉底的方法将成为各级各类教学中不可或缺的一部分。